スイカのタネはなぜ散らばっているのか

タネたちのすごい戦略

稲垣栄洋

西本眞理子＝絵

草思社文庫

まえがき――時空を超えて冒険する種子たち

植物は動くことができないが、移動をして分布を広げるチャンスが二回だけある。

一回目は、「花粉」である。

植物は風で花粉を飛ばしたり、虫に花粉を運ばせたりして、花粉を移動させて、受粉する。植物の個体が移動するわけではないが、遺伝子レベルでは、こうして移動して遠くに子孫を残すことができるのである。

そのため、植物は風に花粉を乗せたり、虫に花粉を運ばせるために、さまざまな工夫をしている。特に、虫に運ばせるためには、花まで来てもらわなければならないから、植物はあの手この手で虫を呼び寄せようと必死だ。美しい花びらも、豊かな香りも、甘い蜜も、すべては虫を呼び寄せるために、植物が用意したものである。

しかし、花粉による移動は、移動した先にパートナーとなる受粉相手がなければならない。そのため、まったくの新天地に分布を広げるということはできない。

二回目の移動は「種子《しゅし》」である。

種子は、植物にとっては子孫そのものである。種子が遠くに移動すれば、自らの子孫たちが分布を広げて、繁栄していくことになる。そのため、種子もまた、さまざまな工夫に満ちているのである。

植物にとって、移動するチャンスは「花粉」と「種子」の二回だけである。そして、植物は、このわずかなチャンスにすべてをかけていると言っていいほど、知恵と工夫に満ちあふれた花や種子を発達させているのである。植物の花が、さまざまな色や形を発達させているのと同じように、植物の種子もまた、さまざまな工夫がこらされているのだ。

種子を作る植物は「種子植物」と呼ばれる。植物が種子を作るのは、当たり前のような気がするかもしれないが、そうではない。植物の進化を見ると、種子植物より古いタイプの植物であるコケ植物やシダ植物は、種子ではなく胞子《ほうし》で移動する。胞子は種子と似ているように思えるが、種子植物では受精する前の花粉に相当する。そして、受精した後は、大きく移動することはないのである。

ところが種子植物は、受精する前に花粉として移動し、受精した後に種子として移動する。「種子」というのは、植物を革命的に発達させる大発明だったのだ。この種子によって、植物は劇的に分布を広げることができるようになった。しかも、種子は乾燥に強い。地球の歴史をたどれば、種子植物の誕生によって、植物は水辺を離れて、内陸部へ進出することが可能になった。そして、地球は植物の惑星になっていったのである。

「種子」というのは不思議な存在である。

種子は硬い皮で守られているため、胞子よりも乾燥に耐えることができる。そして、硬い皮に守られて、植物の芽は、いつまでも発芽のタイミングを待ち続けることができるのである。植物は水がないと死んでしまうが、種子は水がなくても、水が得られるようになるまで、長い時間待ち続けることが可能なのである。よく長い時を経て見つかった種子が芽を出したとニュースになることがあるが、種子は時間を超えることのできるタイムカプセルである。そして、そのタイムカプセルは、時間だけでなく、空間も自在に移動して分布を広げることができるのである。

タンポポが風で種子を飛ばしたり、オナモミが動物の毛や人の衣服にくっつけて種子を運ばせるように、さまざまな植物がさまざまな工夫で、未知なる土地を求めて冒険を繰り返している。本書では、植物が知恵と工夫の粋《すい》を極めた、そんな種子の姿を紹介していきたいと思う。

さあ、いよいよ冒険の始まりである。

スイカのタネはなぜ散らばっているのか
タネたちのすごい戦略

目次

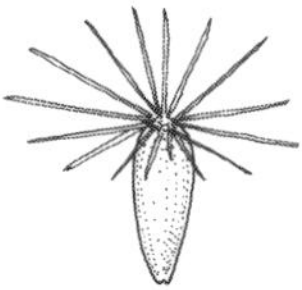

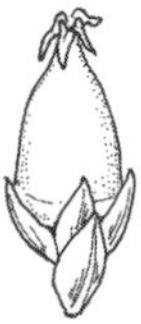

まかれるタネの話

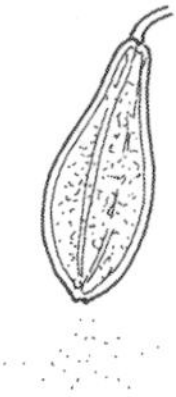

まかれないタネの話

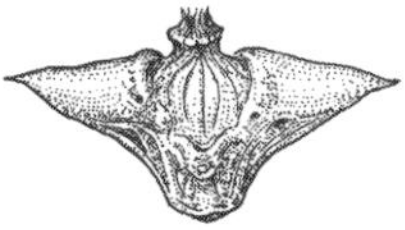

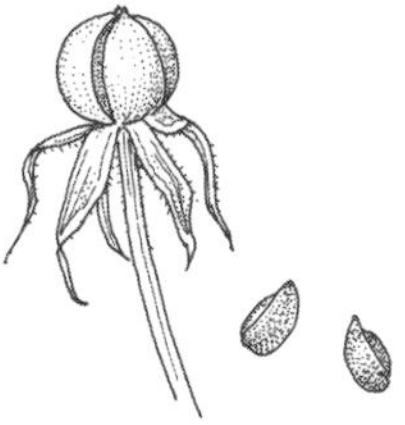

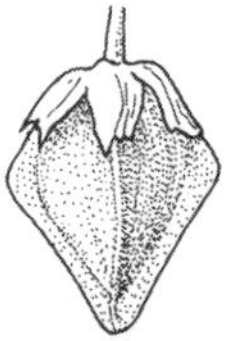

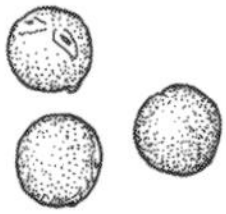

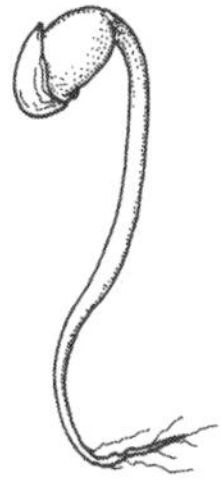

油を取るタネの話

果物のタネの話

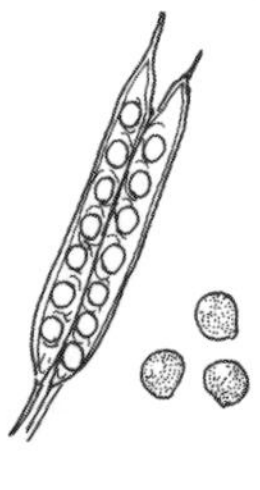

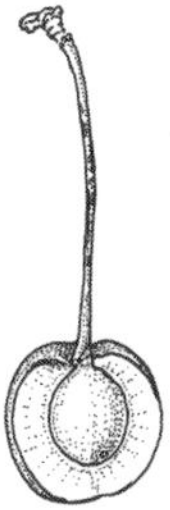

●野菜のタネの話

●植物にとって種子とは何か？

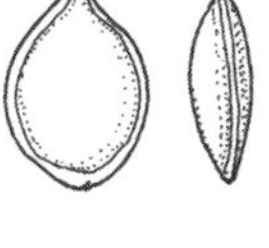

番外編

すごい種子

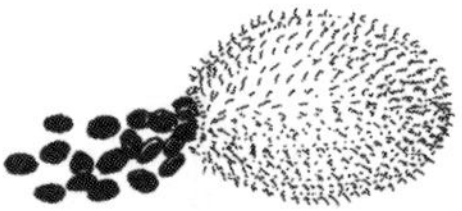

風で旅するタネの話

タンポポ　蒲公英……キク科

日本タンポポが春にしか咲かないわけ

タンポポは綿毛《わたげ》で種子を風に乗せる。

この綿毛は、どのようにしてできるのだろう。

タンポポの綿毛は、植物学では「冠毛《かんもう》」と呼ばれている。タンポポの冠毛は、花のがくが変化したものである。種子から冠毛が生えているというのは、奇妙な感じがするかもしれないが、冠毛で飛んでいくのは種子ではない。じつは種子のように見えるものは、実なのである。ただ、タンポポの場合は実の中に、種子が一粒入っていて、ほとんど実と種子は同じである。果肉は、ほとんどないので、タンポポの実は痩果《そうか》と呼ばれている。種子が熟すと、まるで傘を開くように冠毛が開く。そして、風を受けて飛んでいくのである。

ところで、タンポポには大きく分けて、日本にもともとある日本タンポポと、外国からやってきた西洋タンポポの二種類がある。この二種類は、花の下側にある総包片《そうほうへん》

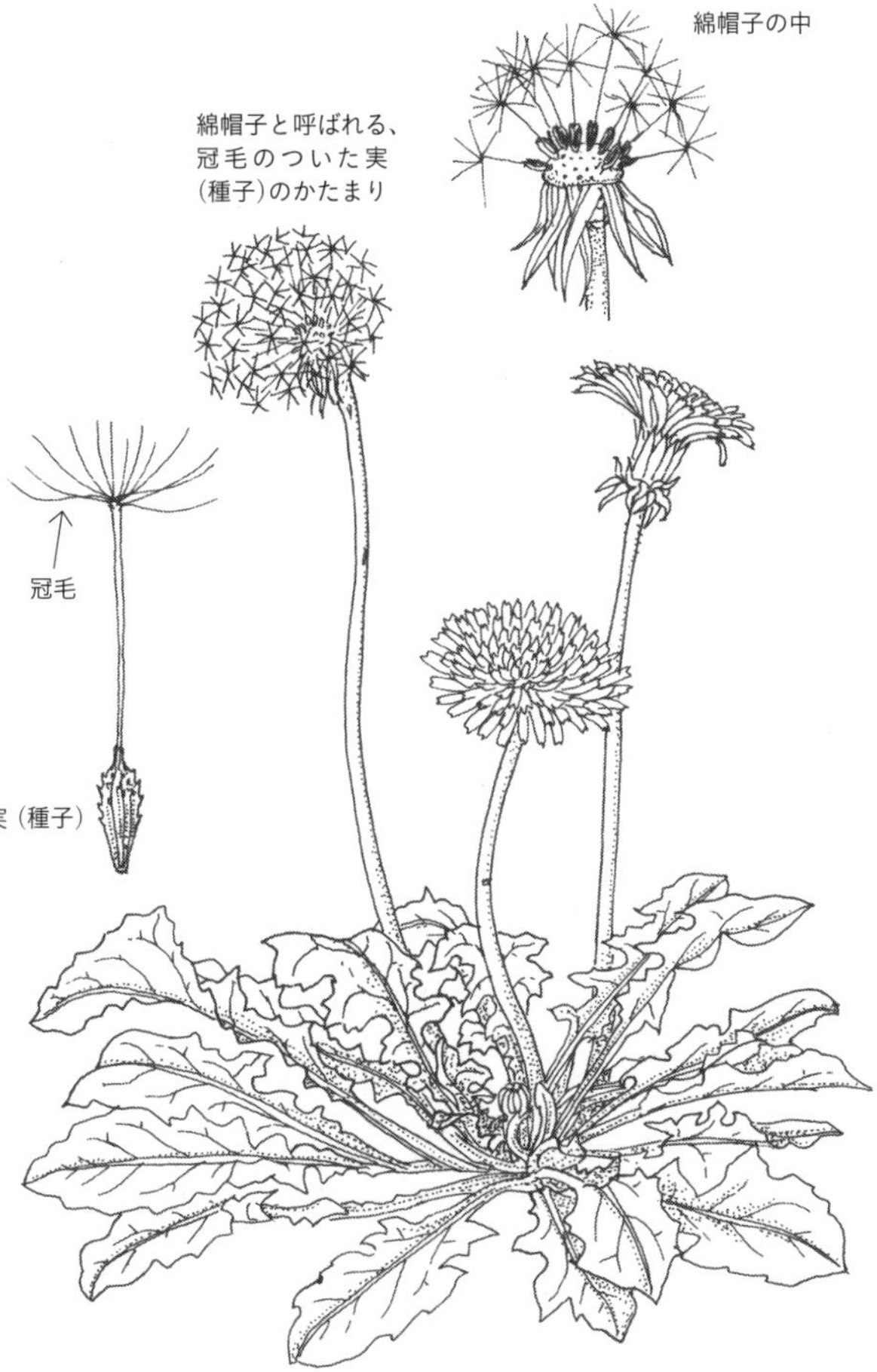
綿帽子の中
綿帽子と呼ばれる、
冠毛のついた実
(種子)のかたまり
冠毛
実（種子）

西洋タンポポの全体図

で見分けられる。西洋タンポポは総包片が反《そ》り返るが、日本タンポポは総包片が反り返らないのである。

他にも違いはある。日本タンポポは春しか花を咲かせない。これに対して、西洋タンポポは、一年中、いつでも花を咲かせることができる。そして、何度でも花を咲かせて、種子を生産するのである。

また、種子の大きさは、日本タンポポよりも西洋タンポポの方が小さい。種子が小さくて軽いと、それだけ遠くまで飛ぶことができる。さらに、種子のサイズが小さければ、それだけ種子をたくさん生産することができる。つまり、西洋タンポポの方が、遠くまで飛ぶ種子をたくさん飛ばすことができるのである。

さらに西洋タンポポはふつうの種子ではなく、クローン種子を作るアポミクシスという特殊な能力を身につけている。そのため、受粉する相手がいなくても一株あればどんどん増えることができるのである。

こう考えると、西洋タンポポの方が有利なように思える。しかし、そう簡単ではないのが、面白いところだ。じつは、昔からの自然が残っているような場所では、西洋タンポポよりも、日本タンポポの方が有利なのだ。

日本タンポポは西洋タンポポよりも種子が大きい。

遠くまで飛ばすという点では大きくて重い種子は不利かもしれない。しかし、大き

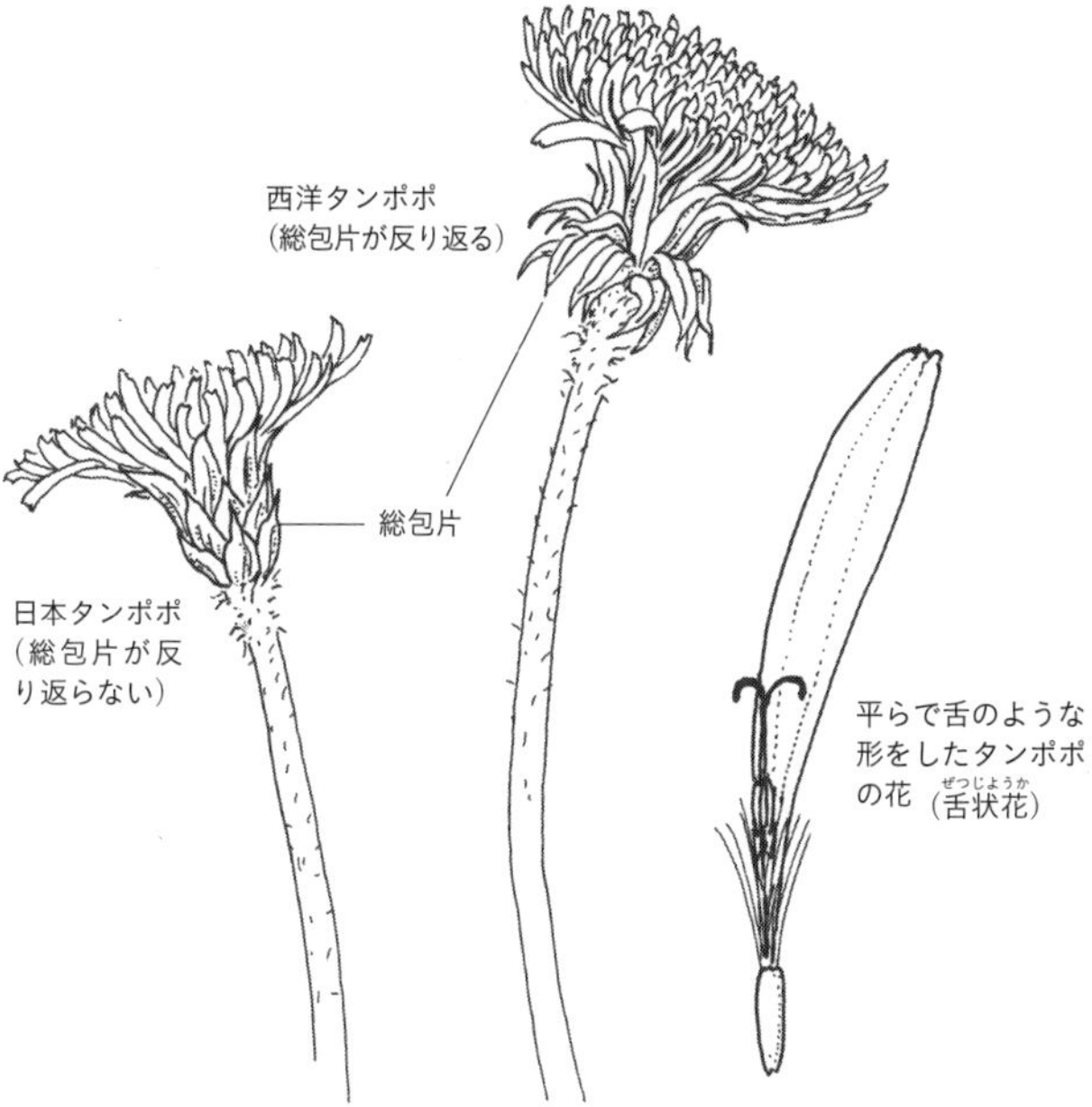
西洋タンポポ
(総包片が反り返る)
総包片
日本タンポポ
(総包片が反り返らない)
平らで舌のような形をしたタンポポの花 (舌状花《ぜつじょうか》)

くて重い種子からは、大きな芽を出すことができる。これは他の植物の芽生えと競って伸びるためには、必要なことだ。さらに、他の花の花粉と交配することで、バラエティに富んださまざまな子孫を残すことができる。多様な子孫を残すということも、多様な環境があり、さまざまな病害虫に対処しなければならない自然の中で生き残るには大切なことである。

そして、重要な戦略は「春にしか咲かない」ということである。日本タンポポは春に咲いて、さっさと種子を飛ばすと、根だけ残して地面から上は自ら枯れてしまう。これは、冬眠の逆で夏に地面の下で眠っているので、「夏眠《かみん》」と呼ばれている。

夏が近づくと、他の植物が枝葉を伸ばし、生《お》い茂る。そんなところで、小さなタンポポが頑張っても、光は当たらず生きていくことができない。そこで、強い植物との無駄な争いを避けて、地面の下でやり過ごすのである。ライバルが多い夏にナンバー1になることは難しいから、ライバルたちが芽を出す前に、花を咲かせて種を残すという戦略なのである。

一方、西洋タンポポは日本の四季を知らないから、他の植物が生い茂る夏の間も、葉を広げ花を咲かせようとする。そのため、西洋タンポポは枯れてしまい、生きていくことができないのだ。同じように枯れているように見えても、自ら葉を枯らして眠っている日本タンポポはまったくダメージがない。一年中咲いている西洋タンポポに比べて、春しか咲かない日本タンポポは劣《おと》っているようにも思えるが、じつは戦略的だったのだ。

このように、西洋タンポポは他の植物が生えるような場所には生えることができない。だから、その代わりに他の植物が生えないような都会の道ばたで花を咲かせて、分布を広げているのである。西洋タンポポが広がり、日本タンポポが少なくなっているという現象は、単に他の植物が生えるようなもともとの日本の自然が減っているからだったのである。

ハルジオン　春紫苑……キク科

種子がはるか上空まで飛ぶ〝貧乏草〟

家が落ちぶれると「屋根にぺんぺん草が生える」といわれる。

ぺんぺん草は、ナズナの別名である。

ナズナは、三角形の実の形が三味線のバチに似ていることから、「ぺんぺん」という三味線の音にちなんでぺんぺん草と呼ばれているのである。

「屋根にぺんぺん草が生える」という言葉はあるが、実際には屋根の上にナズナが生えることはほとんどありえない。ナズナの種子は風で舞い上がったり、鳥に運ばれたりすることはないので、屋根の高さまで飛ぶことができないのである。

しかし、古びた屋根に雑草が生えていることはある。あれは何なのだろうか。

多くの場合、それは風に乗せて綿毛で種を飛ばすことができるキク科の雑草である。

キク科の植物には、タンポポのように綿毛を風に乗せて、種子を飛ばすものが多い。

そのため、屋根の上にも飛んでいくことができるのである。

管状花《かんじょうか》
舌状花《ぜつじょうか》
中空になった茎
舌状花
管状花
（すべての花びらが
つながり筒状になっ
ている）
冠毛のついた実（種子）

キク科の雑草の中でも、ハルジオンは、貧乏草《びんぼうぐさ》の別名を持っている。種子が風に乗って飛ぶので、どこにでもすぐに生えることができる。荒地ができると最初に生えてくるのが、キク科の雑草だ。そして、庭の草取りをしないとすぐに生えてきてしまう。空き家になった荒れた庭には群生する。そのため、ハルジオンは貧乏草と呼ばれているのである。

荒れた庭に生えるキク科の雑草は、いろいろな種類があるが、ハルジオンは花がピンク色でよく目立つ。そのため、ハルジオンがその代表として貧乏草と呼ばれるようになったのだろう。

貧乏草と呼ばれるが、花がかわいらしいので、よく歌詞で使われる。

ユーミンの曲には「ハルジョオン・ヒメジョオン」というものがある。また、さだまさしさんの曲にも「春女苑（はるじょおん）」がある。最近では、乃木坂46の「ハルジオンが咲く頃」やBUMP OF CHICKENの「ハルジオン」が有名だろうか。

ハルジョオンやハルジオンという呼ばれ方もするが、正しくは春に咲く紫苑《しおん》という意味なので「ハルシオン」である。ただ、一般にはハルジオンと呼ばれていて、図鑑でもハルジオンと記されていることが多い。ちなみに、ユーミンの歌に歌われるヒメジョオンは、「姫女苑」の意味である。

お城の天守閣の高い屋根にもキク科の雑草が生えているのを見かける。あるいは、マンションのベランダで野菜や花を育てていても、キク科の雑草は生えてくる。

それでは、風で飛ぶキク科の雑草の種子は、いったいどれくらいの高さまで飛ぶことができるのだろう。

上空一〇〇〇メートルの高さに気象観測用のバルーンを上げて、空中の浮遊物を調査すると、驚くべきことに、風で移動する雑草の種が採集されるという。なんと、はるか空高くを小さな雑草の種が飛んでいるのである。

日本でもっとも高い構造物は六三四メートルのスカイツリーだが、小さな雑草の種が、そのはるか上を飛んでいることになるから、驚きだ。

ガガイモ

蘿藦……ガガイモ科

長く白い毛の正体は、謎の浮遊生物ケサランパサラン!?

江戸時代から言い伝えられる謎の生物に「ケサランパサラン」と呼ばれるものがある。

ケサランパサランは白い毛の生えた玉で、ふわふわと空を舞う。ケサランパサランは妖怪や物《もの》の怪《け》のたぐいとも考えられていて、桐《きり》の箱で飼育することが可能であるとされている。そして、おしろいを餌《えさ》として与えると成長して大きくなるといわれているのだ。

ケサランパサランを持っていると幸せになるとされているが、他人に言うと効力がなくなると信じられているため、なかなか存在が明らかにされない。昔から代々、密《ひそ》かに飼い伝えている家もあるという。いずれにしても、その正体は、まったく謎に包まれている。

謎の生物、ケサランパサランの正体については諸説ある。

一つは、動物の毛玉であるという説がある。ワシなどの猛禽類《もうきん》が消化しきれず吐き出した動物の毛の小さなかたまりは、毛皮の皮膚の部分が縮まり、毛玉のようになるという。しかし、ふわふわ空を飛ぶケサランパサランの特徴には合致しない。

あるいは、白い綿毛をつけてふわふわと飛ぶ雪虫《ゆきむし》ではないかという説もある。しかし、雪虫は小さいし、寿命も短いから、死ぬこともなく、おしろいで飼育すると成長するというのは、おかしい。

ケサランパサランの正体は不明だが、ケサランパサランの目撃例として多いのが植物の綿毛である。タンポポに代表されるように植物の中には、綿毛のついた種子を風に乗せて、種子を散布させるものが少なくない。中でもガガイモは種髪《しゅはつ》といわれる綿毛が長く、ふわふわと飛んでいることから、正体の成否はともかくとして、ケサランパサランであるとされることが多い。

ガガイモは種子に対してとても種髪が長いので、風がなくても長時間、浮遊することができる。微細な空気の流れに乗ってふわふわと飛んでいくその様子は、確かにケサランパサランを思わせる。

ガガイモは、日本最古の歴史書である古事記にも登場する古い植物である。古事記の物語はこうだ。

国づくりの思案にくれていたオオクニヌシノミコト（大国主命）が出雲《いずも》の海岸を歩

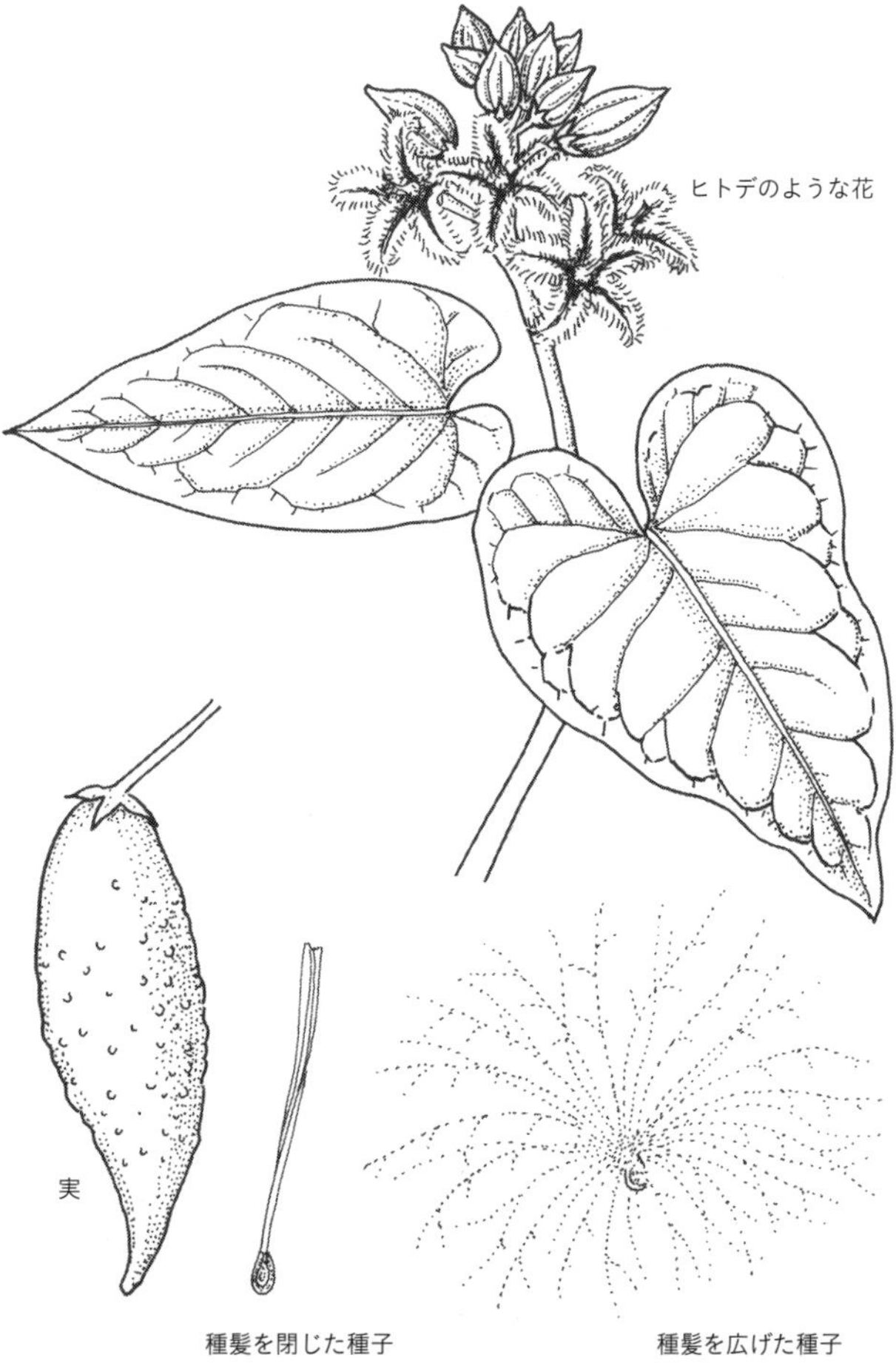
ヒトデのような花
実
種髪を閉じた種子
種髪を広げた種子

いていると、波の上をただよいながら近づいてくるものを見つけた。よく見るとそれは、蛾《が》の皮を剝《は》いで作った着物を着て、天《あめ》の羅摩船《かがみぶね》に乗った小さな神であった。その小さな神の正体が、後にオオクニヌシノミコトとともに国づくりを行ったスクナビコナノカミ（少名毘古那神）だったのである。このスクナビコナノカミは、後に一寸法師のモデルにもなったとされる小さな小さな神である。このスクナビコナノカミが乗っていた羅摩船が、ガガイモの果実なのである。

ガガイモの実は二つに裂けて、中から綿毛のついた種子を飛ばす。そして種子が飛び去ると、後には果実の皮が小舟のような形で残るのである。

ガガイモの花はなんとも奇妙な姿をしている。花びらが五枚で形は星型だが、不思議なことに花びらにたくさんの毛が生えているので、どこかヒトデのような姿なのである。そして、花が終わるとスクナビコナノカミの船となる実を結ぶのである。

ガガイモは、「イモ」と呼ばれているが、実際にはジャガイモやサトイモのような芋はできない。ガガイモの名前は、大きな実を芋に見立てたとされている。芋のような果実から飛び出す種子についた綿毛は、種髪といわれる絹糸《けんし》のように細い繊維である。ガガイモの種子は、この種髪でふわふわと空へ舞い上がるのである。

カエデ　楓……カエデ科

種子がプロペラで舞い降りる驚きの航空力学

色づく葉は、種類を問わず「もみじ」と呼ばれる。中でも赤く染まるカエデは、もみじの代表的な植物である。カエデの葉はカエルの手に似ていることから、「かえるで」と呼ばれていたものが、「カエデ」になったとされている。もっとも、カエデの中でもっとも有名な種類は「イロハモミジ」と「もみじ」の名がつけられていて、「もみじ」と「カエデ」は混同されている。カエデの紅葉は、誰もが目にするが、人知れず枝からぶら下がるカエデの花に気がつく人は少ないかもしれない。葉が青々とした春から初夏にかけてカエデは花を咲かせる。紅葉ほどの派手さはないが、よく見ると、カエデの小さな花は、なかなか美しい。「大切な思い出」という、素敵な花言葉まである。

花が咲き終わった後には、種子ができる。枝からぶら下がる種子もなかなか面白い。何しろ、カエデの種子は、二枚のプロペラがついたような形をしているのだ。

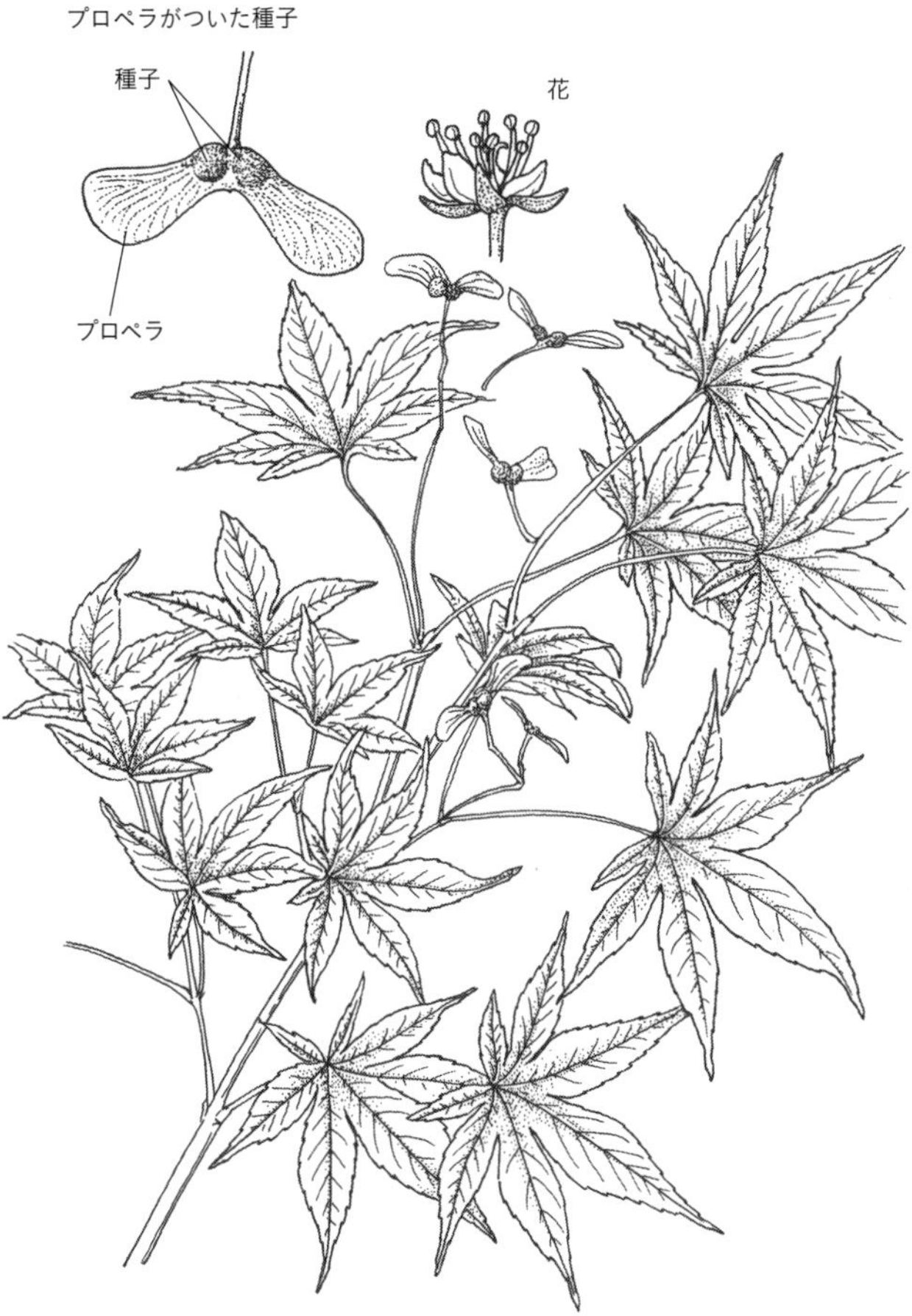
プロペラがついた種子
種子
花
プロペラ

これは二つの種子がつながっていて、一つの種子は一枚のプロペラを持っている。竹トンボのように二枚のプロペラで降りてくるように見えるかもしれないが、実際には、種子は二つに分かれて、このプロペラでくるくると回りながら舞い降りてくるのである。ヘリコプターのように飛ぶわけではないが、プロペラが回り滞空時間が長くなることによって、風に乗って移動するのである。

さらにカエデの種子は、表面がざらざらとしている。

飛行機のように高速で飛ぶ場合は、揚力《ようりょく》が発生する。しかし、カエデの種子のようにゆっくりと風を切るようなプロペラには揚力は発達しない。むしろ、空気の粘性《ねんせい》が働いて、大げさに言えば、水あめのようにベタベタとまとわりついて飛行の邪魔をする。そこで、カエデの種子は、ざらざらとした表面が、空気の流れを作り、スムーズに空気をやり過ごす。すると、回転によって小さな空気の渦《うず》が生まれ、羽の上方の空気圧が下がって、羽が上に引き上げられる仕組みになっているのである。

何気なく風に乗っているように見えるカエデの種子は、じつはこんな複雑な仕組みで舞っていたのである。いったいこんなに高度な航空力学を、どうやって身につけたのだろうか。

こうして、不思議な種子を飛ばし終えたカエデの葉は、やがて色づいていく。そして、季節は秋になっていくのである。

動物に運ばれるタネの話

オナモミ

葈耳……キク科

トゲトゲの実に収まった二つの種子の戦略

オナモミの実を投げ合って遊んだ思い出を持つ方も多いだろう。

ラグビーボールのような形をしたオナモミの実は、投げやすい。しかも、離脱が簡単なので、自分の服にくっついた実を取り外せば、何度でも投げ合うことができる。

この離脱が簡単な秘密はトゲにある。

トゲの先端がカギ状に曲がっていて、衣服の繊維にからみつくようになっている。直接、オナモミの実がきっかけになったわけではないが、この植物の実の構造が、背もたれやおむつのカバーに使われる面ファスナー（よく知られる商標名：マジックテープ）発明のヒントになった。虫眼鏡でよく見ると、確かに面ファスナーもカギ状のフックがある。このフックが、輪の形になったループに引っかかることによって、くっつくのである。

オナモミの実は、このトゲで人間の衣服や動物の毛にくっついて遠くへ散布されていく。

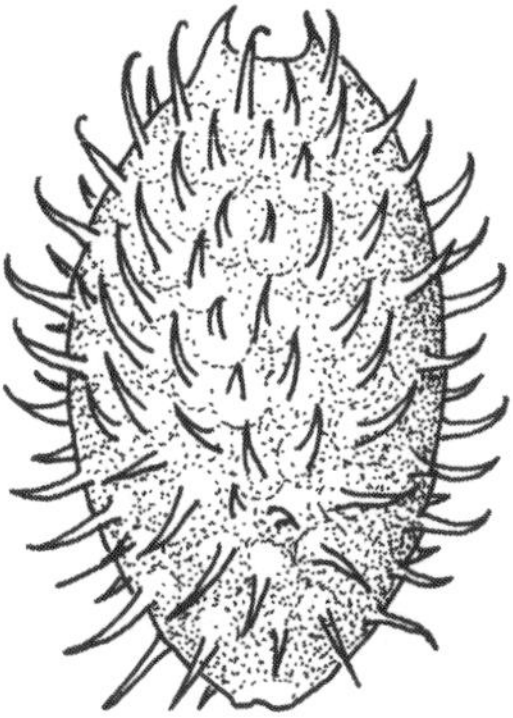

カギ状のトゲがついた実

大きさの違う2つの種子

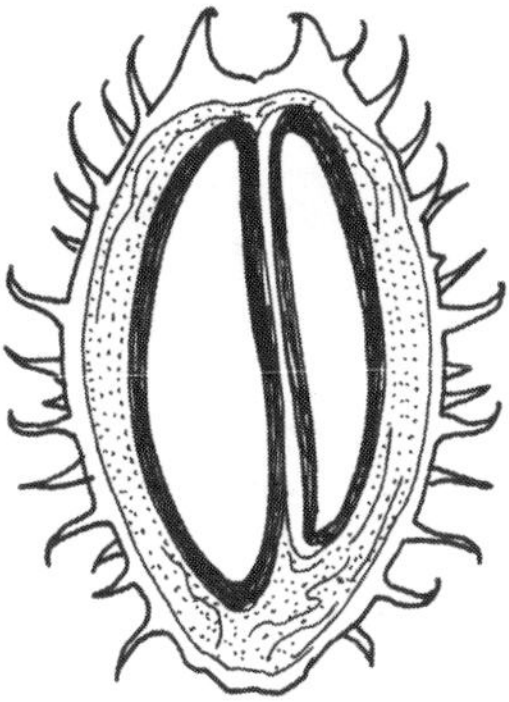

実を縦に切ったもの

実を横に切ったもの

オナモミの実を投げた人は多いが、この実を割って中を見たことのある人は少ないだろう。ラグビーボールのような形をしたものはオナモミの実なので、その中に種子が入っている。

「先んずれば人を制す」ということわざがある。しかし反対に、「急《せ》いては事を仕損じる」ということわざもある。いったい、どちらが本当なのだろうか、その答えはオナモミの実の中にある。

じつは、オナモミの実の中には、細長い種子が二つ入っている。

やや長い種子は「先んずれば人を制す」とばかりに、早く芽を出す。早く芽を出せば、他の植物よりも有利に成長することができるのだ。まさに、ことわざのとおりである。しかし、状況もわからないまま早く芽を出すのは危険すぎる。除草剤がまかれたり、耕されたりすれば全滅してしまう可能性もある。そこで、「急いては事を仕損じる」状況に陥ったときに備えて、やや短い種子が遅れて芽を出すのである。

そもそも迅速《じんそく》な方がよいか、慎重な方がよいかは、状況によって変わる。そうだとすれば、両方に備えておいた方がよい。そこで、オナモミは性格の異なる二つの種子を用意しているのである。いわば、やや長い種子がせっかちなお兄さん、そしてやや短い種子がのんびり屋の弟といった感じだろうか。せっかちな兄と、のんびりした弟と、どちらが劣っているというのではない。それが、オナモミの価値観なのである。

スミレ

菫……スミレ科

種子がアリの巣の中を大冒険

野に咲くイメージの強いスミレだが、意外なことに、街中にもスミレの花を見ることが少なくない。

歩道の隅のコンクリートの割れ目や石垣の隙間《すきま》などで、スミレは可憐《かれん》な花を咲かせている。スミレが街の中に多いのには、種子に秘密がある。

スミレの種子には「エライオソーム」というゼリー状の物質が付着している。この物質は脂肪やアミノ酸や糖分を含んでいて、栄養価が高い。そのためアリは、エライオソームを餌《えさ》にするために種子を自分の巣に持ち帰る。このアリの行動によってスミレの種子は遠くへ運ばれるのである。

しかし、アリの巣は地面の下にある。地中深くへと持ち運ばれたスミレは芽を出すことができるのだろうか。もちろん心配は無用である。

アリがエライオソームを食べ終わると、種子が残る。種子はアリにとっては食べかすのゴミである。そのため、アリは種子を巣の外へ運んで捨ててしまうのだ。このアリの行動によってスミレの種子は見事にアリの巣の外に脱出するのである。

それだけではない。アリの巣は必ず土のある場所にある。街の中ではアリの巣の出入口はアスファルトやコンクリートの隙間をうまく利用している。野の花のイメージが強いスミレが街の片隅でコンクリートの隙間や石垣に生えているのは、わずかな土を選んでアリに種をまいてもらっているからなのである。そのうえ、アリのゴミ捨て場所には、他にも植物の食べかすなども捨てられているから、水分も栄養分も豊富に保たれている。

こうして、スミレの種子は、アリの巣の中を経て、見事に移動を果たすのである。アリの巣の中を目にすることのできる生物は少ない。小さな種子にとっては、大冒険である。

このように、アリに種子を運んでもらう種子は「アリ散布型種子」と呼ばれている。カタクリやホトケノザなども、アリに種子を運んでもらう植物である。いったい、どうやってアリに種子を運んでもらうことなど思いついたのだろう。

道ばたに生える植物の小さな種子でさえも、不思議に満ちているのである。

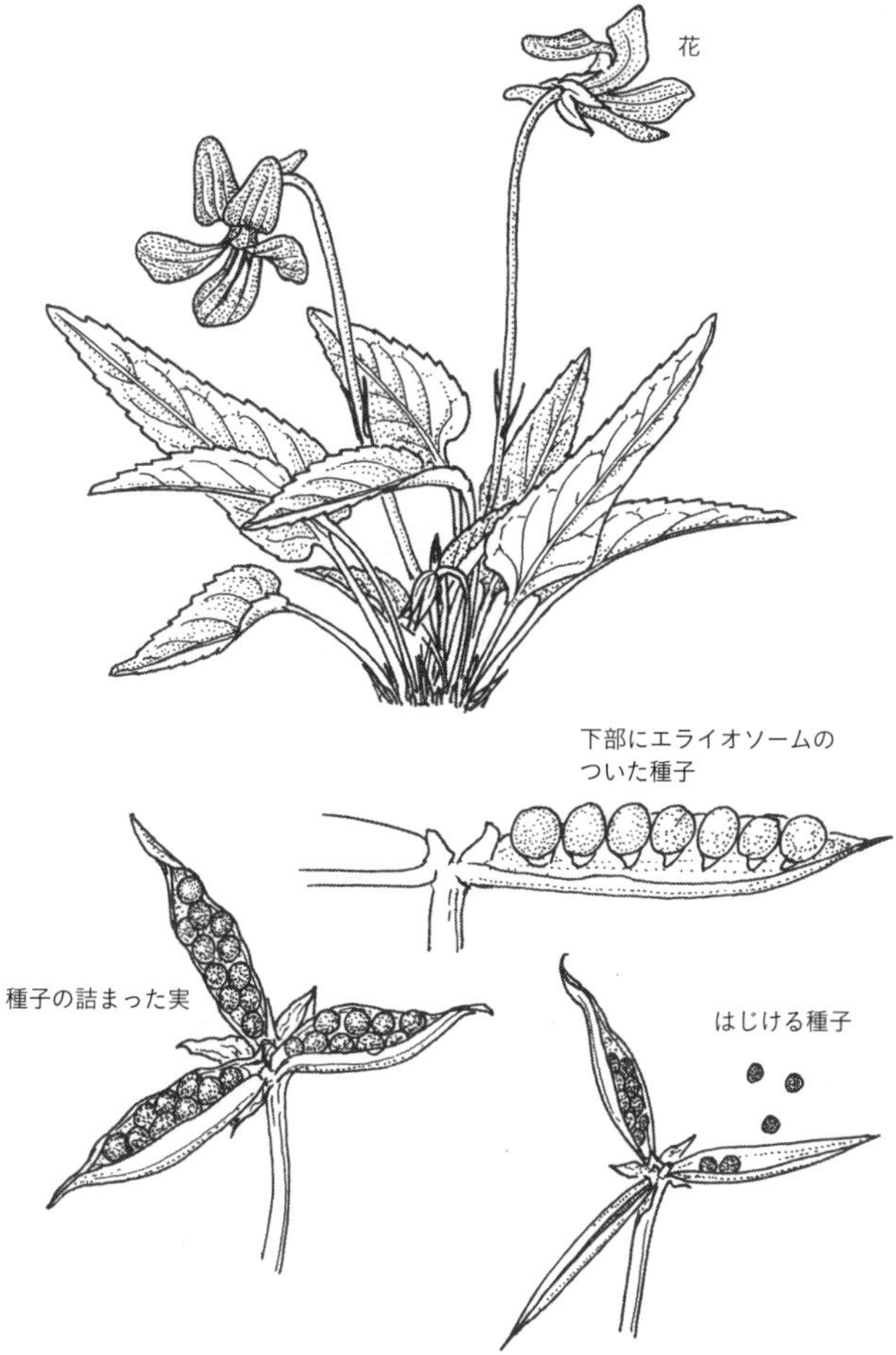
花
下部にエライオソームのついた種子
種子の詰まった実
はじける種子

オオバコ　大葉子……オオバコ科

人や車に踏まれないと困る！

雑草というと、踏まれて生きるというイメージがあるかもしれないが、その代表格がオオバコである。オオバコは人に踏まれやすい道ばたやグラウンドによく生えている。

オオバコが踏みつけに強い秘密は、「やわらかさ」と「硬さ」にある。オオバコの葉は、とてもやわらかい。このやわらかい葉が衝撃を吸収するのである。もし、これが頑強な葉であると衝撃を受けて、破れてしまうだろう。しかし、ただやわらかいだけでは、ちぎれてしまう。そのためオオバコは、葉の中に丈夫な筋を通している。葉をちぎってそっと引っ張ってみると、この筋を抜き出すことができる。やわらかさの中に硬さをあわせ持っているから、オオバコの大きな葉は丈夫なのである。やわらかいだけでも、硬いだけでも、ダメなのだ。

茎も、やわらかさと硬さをあわせ持っている。ただし、茎は葉とは逆の構造である。

39　動物に運ばれるタネの話　●オオバコ

茎は外側が硬い皮でできているが、逆に内部はスポンジ状のやわらかい構造になっている。硬いだけの茎では折れてしまうが、中がやわらかいのでしなって衝撃を和《やわ》らげるのである。

しかし、オオバコのすごいところは踏みつけに耐えているだけではない。その秘密が種子にある。

オオバコの種子は、紙おむつに似た化学構造のゼリー状の物質を持っていて、水に濡れると膨張《ぼうちょう》して粘着する。その粘着物質で人間の靴や、自動車のタイヤにくっついて運ばれていくのである。もともとオオバコの種子が持つ粘着物質は、乾燥などから種子を保護するためのものであると考えられている。しかし結果的に、この粘着物質が機能して、オオバコは分布を広げていくのである。

舗装《ほそう》されていない道路では、どこまでも、轍《わだち》に沿ってオオバコが生えているのをよく見かける。

オオバコは学名を「プランターゴ」という。これはラテン語で、「足の裏で運ぶ」という意味である。また、漢名では「車前草《しゃぜんそう》」という。これも道に沿ってどこまでも生えていることに由来している。こんなに道に沿って生えているのは、人や車がオオバコの種子を運んでいるからなのだ。

こうなれば、オオバコにとって踏まれることは、耐えることでも、克服すべきことでもない。踏まれなければ困るほどまでに、踏まれることを利用しているのである。道のオオバコは、みんな踏んでもらいたいと思っているはずである。まさに逆境をプラスに変えているのだ。

逆境をプラスに変えるというと、良いように考えるポジティブシンキングのようなものをイメージするかもしれないが、オオバコの場合は、逆境を具体的な方法としてプラスに活用しているのだから、すごい。まさに道を究めりである。

ハコベ　繁縷……ナデシコ科

野の花のイメージなのに、なぜ都会にも多いのか

都会で雑草探しをしていると、意外にさまざまな雑草を見つけることがある。

都会には雑草はないと思っている人もいるかもしれないが、じつは都会で見られる雑草は多い。駅前を散策したり、繁華街を歩いていると道ばたにさまざまな雑草が見つかる。とはいえ、そんなにたくさん生えているわけではないから、宝探しのつもりで街中の雑草を探してみるのも面白いかもしれない。

中には、どうしてこんなところに、こんな雑草がと思うものもあるし、なるほど都会生活に適していると思わせる雑草もある。

「せり　なづな　ごぎょう　はこべら　ほとけのざ　すずな　すずしろ　これぞ七草」

四辻《よつつじ》左大臣の歌で有名な春の七草の中で「はこべら」とよまれているのがハコベである。

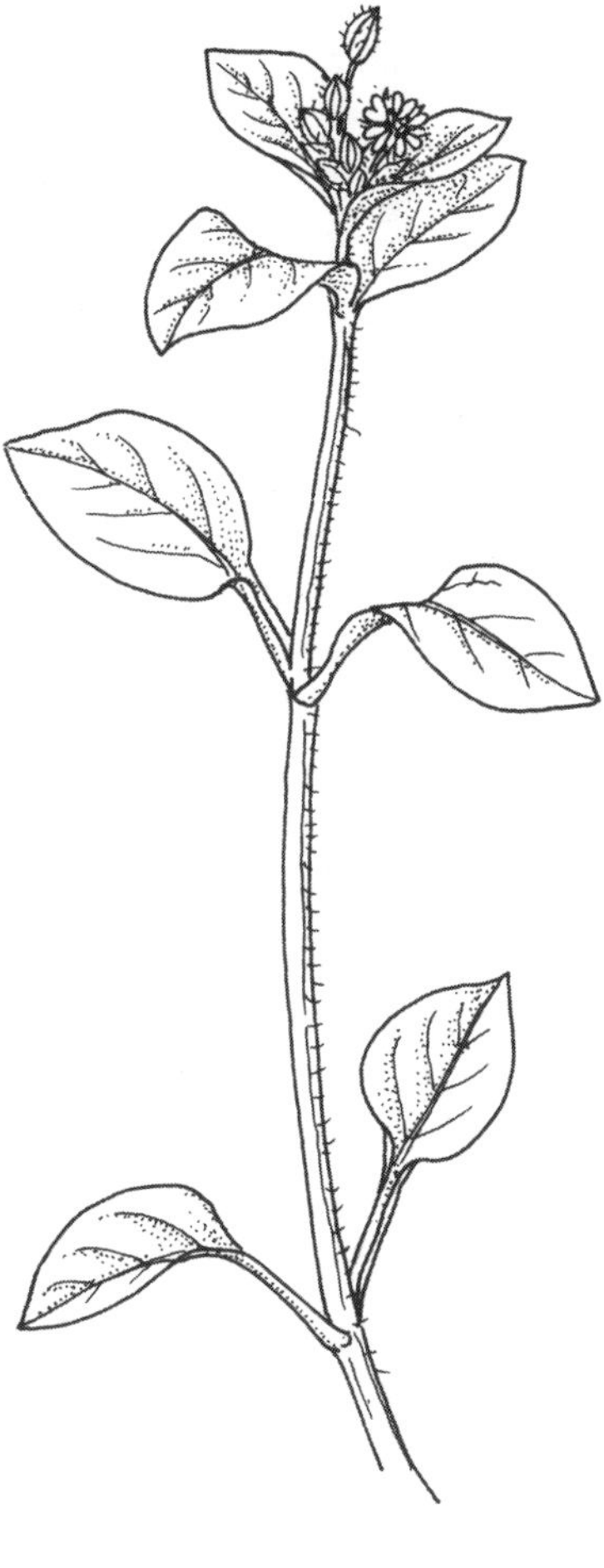

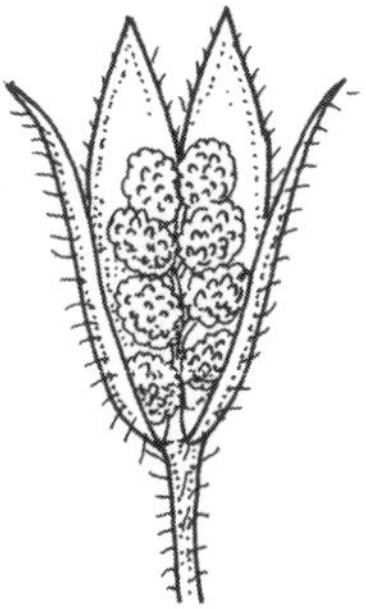

種子の詰まった実

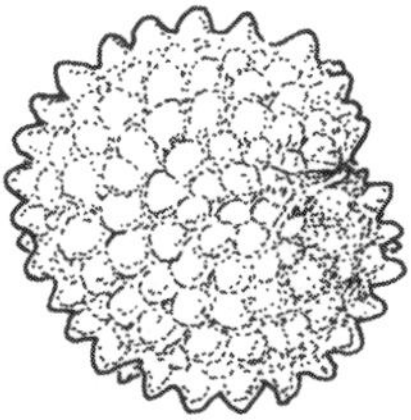

トゲのある種子

ハコベは道ばたや畑に生える雑草である。野の花のイメージが強いハコベだが、意外に都会にも多い。東京都心の繁華街で雑草探しをすると、よく見つかるのがハコベの仲間である。ハコベにはミドリハコベ、コハコベ、ウシハコベなどの種類があるが、特に都会で多いのは茎が暗紫色《あんししょく》なのが特徴的なコハコベである。

しかし、どうしてハコベは都会に多いのだろうか。

その秘密は種子にある。

虫眼鏡で種子を観察してみると、表面には突起《とっき》がいっぱいついている。この突起が土に食い込むので、ハコベの種子は土と一緒に靴の裏などについて遠くへ運ばれていくのである。都会は、多くの人々が行き交う。この靴底にくっついて種子が運ばれていくのである。ハコベの種子の突起が靴底につくために発達したとは思えないが、結果的に、通行人の多い都会に適応した種子になっている。

もちろん、踏まれて種子を散布するためには、踏まれに強くなければならない。ハコベの茎をちぎって、そっと引っ張ると筋が現れる。強すぎる茎は踏まれると折れてしまう。しかし、やわらかいだけの茎はちぎれやすい。前項で紹介したオオバコは、「やわらかさ」と「硬さ」をあわせ持っていたが、ハコベもまた、やわらかい葉の中に硬い筋をあわせ持つことで、踏みつけに対して強さを発揮しているのである。

●ドングリ　団栗……ブナ科のクヌギ、コナラなどの果実の総称●

ドングリころころと転がらず…どう移動する？

子どもたちはドングリを拾うのが大好きである。ドングリに爪楊枝《つまようじ》を刺して、とがったところをコマにして遊んだ人も多いだろう。

ドングリは、漢字では団栗と書く。

ドングリの名前の由来は諸説あるが、そのまま食べられないので、どんくさい栗という意味で名づけられたとか、「団」には丸いという意味があり、丸い栗という意味で名づけられたといわれている。

あるいは栗とは関係なく、昔の韓国語で丸いものを「ドングル・イ」ということに由来するという説や、コマにして遊ぶので、コマの古名である「ツムグリ」に由来するという説もある。

ドングリは、クヌギやコナラなどコナラ属樹木の種子なので、土に埋めておけば、芽が出てくる。そういえば、映画「となりのトトロ」では、主人公のメイとサツキが、庭にドングリをまくシーンがあった。

それでは、ドングリはとがった方と丸い方と、どちらから根っこが出てくるのだろうか。チューリップの球根のように、とがった方を上だと考えると、丸い方から根っこが出てくるような気がする。しかし、実際にはとがった方から根が出てくる。

ドングリの枝につながっていた帽子《ぼうし》の方は、どんぐりの丸い方である。つまり丸い部分の方が上なのである。そして、ドングリは、とがった方が地面に刺さるようになっている。つまりとがった方が下なのだ。そして、地面に刺さったとがった方から根が出てくるのである。

「どんぐりころころ　どんぶりこ」と童謡「どんぐりころころ」では歌われているが、実際には、ドングリはころころと転がらない。ドングリはドングリの木にとって大切な種である。あまりに転がって池にはまるようでは困るのだ。

鳥の卵も、片側が細くとがって、片側が丸いドングリと似たような形をしている。

卵を保存するときには、とがった方を下にした方がよいと聞いたことがあるだろう。卵も丸い方が下だと思っている方もいるだろうが、じつはとがっている方が下である。

卵を転がしてみると、とがった方を円の中心にして丸く転がる。こうして、卵が巣から転がり落ちない仕組みになっているのである。また、卵形はとがった方を中心にして丸く卵を並べることで、親鳥が効率よく卵を抱いて温めることができるという利

とがった方から根が出る
丸い方

点もある。生物が創り出す物の形というものには、意味があるのである。

ドングリは転がらないとすれば、どのようにして移動をするのだろうか。

じつはドングリは、リスやネズミに運ばれることで散布される。

しかし、リスやネズミはドングリを餌《えさ》にする動物である。どのようにしてリスやネズミに運ばれるのだろうか。

クマなどは冬眠に備えて食べた餌を皮下脂肪に貯めることができる。ところが体の小さなリスやネズミは食いだめすることができない。そのため、すぐにドングリを食べずに土の中に隠しておく。そして、食べ物の少ない冬の間、貯めておいたドングリを少しずつ食べていくのである。

ところが、一部のドングリは食べ残されたり、食べ忘れられたりもする。こうしたドングリが芽を出してドングリの木になるのである。餌になることによって、相手を利用しているのだ。まさに「肉を切らせて骨を断つ」作戦である。

そのため、食べ尽くされないように、たくさんドングリを作らなければならない。ところがドングリがたくさんあると、それを餌にするリスやネズミの数も増えて、ドングリが食べ尽くされてしまう。ドングリの作戦は、さらに考え尽くされている。

ドングリはたくさんドングリを生産する豊作の生《な》り年と、ドングリをあまり生産しない不作の裏年《うらどし》を作っていると考えられている。ドングリを生産する量を変動させれば、不作の年があるからリスやネズミは増えすぎることもなく、豊作の年にはドングリを食べ残させることができるのである。

まさに、リスやネズミのことを知り尽くした作戦なのである。

●ササ　笹……イネ科

数十年、百数十年に一度、ササの花が咲くと…

「ササに花が咲くと凶作になる」とか「天変地異《てんぺんちい》になる」といわれている。

本当だろうか。

そもそも、ササの花とは、どのようなものなのだろう。

タケやササはイネ科の植物である。タケやササは、風で花粉を運ぶ風媒花《ふうばいか》でイネによく似た花を咲かせる。

ちなみにタケとササの違いは、成長するにつれてタケノコの皮が離脱して落ちるのがタケで、タケノコの皮が落ちずに残るのがササと定義されている。実際には、植物を分類するときにもっとも重要となるのが花であり、タケとササも花で区別される。

しかし、タケやササの花を見る機会はほとんどないので、タケノコの皮が残るかどうかがタケとササの区別点として利用されるようになったのである。

タケやササは、めったに花を咲かせることはない。

その周期は諸説あるが、何十年に一度だとか、百数十年に一度だとかいわれている。そして、タケやササの花が咲いた後には、不思議なことがある。一面の竹林や笹原《ささはら》が一斉に枯れてしまうのである。

しかし、考えてみれば、これは不思議なことではない。

植物の中には何度も何度も花を咲かせる多回繁殖《はんしょく》性のものと、一度花を咲かせて種を残すと枯れてしまう一回繁殖性のものとがある。たとえば、ヒマワリやアサガオは花を咲かせて種を残すと枯れてしまう一回繁殖性の植物である。タケやササも花が咲いて枯れる。これは、ヒマワリやアサガオとまったく同じで、ごくふつうのことなのである。ただ、タケやササの場合は、その周期が途方もなく長いというだけなのだ。

しかも、タケやササは地下茎で伸びて増えていくので、広大な面積が地面の下でつながった一つの個体ということも珍しくない。そのため、一本のヒマワリが花を咲かせて枯れるように、タケやササが花を咲かせて枯れるということは、竹林や笹原全体が枯れてしまうことになるのだ。

そして、人々はめったに起こることのないこの現象を気味悪がって、凶作だとか、天変地異の前触れだといって恐れたのである。

ところが、である。どうやら、それも昔の人の迷信と片づけるわけにもいかないようなのだ。タケやササが花をつけると、実際に恐ろしいことが起こることが知られて

花
花の咲いたタケ
ササ
ササの花

いるのである。大飢饉《だいききん》である。

タケやササが花を咲かせた後は、無数の種子ができる。そして、この種子を餌とするネズミが大発生してしまうのだ。

ネズミは繁殖能力が高く、文字どおりネズミ算式に増えていく。ただ、ふつうは餌の量が限られているから、餌にありつけずに死ぬネズミも多く、ネズミの数は増えすぎることもなく保たれているのである。しかし、餌が豊富にあり、すべてのネズミが死ななかったとしたらどうなるだろう。ネズミはとめどなく増えていってしまう。そして、増えすぎたネズミはタケやササの種を食い尽くし、餌を求めるネズミたちは、やがては田畑の農作物を食べ荒し、人々が大事に蓄えた穀物をも食べ尽くすのである。こうして、タケやササの花が咲くと大飢饉になってしまうのである。

タケの花やササの花は「泥食い」の別名を持つ。食べ物をネズミに奪われた人々は、泥を食うしかなかったのである。

ササの実は初夏に熟す。同じイネ科のムギと同じころに実がなることから、ササは「野麦」と呼ばれた。小説や映画で有名となった野麦峠《とうげ》の野麦である。初夏にササの実がなると、その秋はネズミの被害でイネは凶作になる。しかし、食べ物がないときには、このササの実が人々を救うこともあった。

食べ物がないときには、「野麦」と呼ばれるササの実を取ってきて食べたといわれている。

会津磐梯山《ばんだいさん》は宝の山よ、笹に黄金《こがね》がなりさがる

民謡「会津磐梯山」の歌詞にある「宝の山」は、鉄が採《と》れたからともいわれているが、一説には、「笹に黄金がなりさがる」はササの実のことで、食べ物がないときに磐梯山のササが人々を飢《う》えから救ったことに由来するともいわれている。

ササが実をつけるというのは、本当に不思議なことだったのだ。

カラスムギ

烏麦……イネ科

長いノギで自力移動し、種子を運ぶ

健康食品として知られる「オートミール」は、簡単に食べられることから自動（オート）で食べられる食事と思われている方もいるが、オートとはオーツ麦という穀物のことである。

オーツ麦は、日本語ではエンバク（燕麦）という。この名前は、開いた実の形がツバメに似ていることから名づけられた。エンバクは、カラスムギという雑草から古い時代に栽培化されたものである。カラスムギは麦畑の雑草だったが、生育も旺盛《おうせい》で、条件が悪い土地や天候不順でもよく育つ。雑草として抜いてしまうよりも、むしろ育てた方がよいのではないかと思われて、作物として栽培されるようになったのである。

カラスムギは、実の形がカラスに見立てられた。

作物の世界では、カラスが進化をしてツバメになったのだ。

カラスムギはエンバクとよく似ているが、カラスムギの方がノギが発達している。

イネ科の植物の実は、先端にノギと呼ばれる長いトゲがある。このトゲで動物の食害を逃れたり、動物にくっついて種子が運ばれるようになっているのである。しかし、作物として収穫したり、種子をまいたりするときには、このノギが邪魔になる。そのため、栽培されるエンバクでは、ノギが一本しかなく、また短くなっている。

一方、カラスムギはカラスの翼に見立てられた実から、二本の長いノギが伸びている。カラスムギのノギには、動物の食害を防いだり、動物に付着して移動する以外に、重要な役割がある。

カラスムギのノギは、乾燥すると二本の距離が開き、湿ると距離が狭くなり閉じる。そして、地面に落ちたカラスムギの種子は昼と夜の乾湿の差を利用して、まるで二本の足で這《は》うようにして移動しているのである。

また、一本のノギも乾湿によって変化が見られる。カラスムギのノギは、湿った環境では水分を吸収してねじれた構造になる。そして、昼間、乾燥すると、ねじれはほぐれて元に戻るのである。この回転を繰り返すことによって、ノギはドリルのように地面に穴を掘り始める。そして、種子を動かないように固定するのである。その後も、ノギは回転を繰り返して穴を掘り、種子をゆっくりと地面の下にもぐり込ませていく。

こうして、カラスムギはノギを巧みに使いながら、種子を移動させて芽を出すのである。

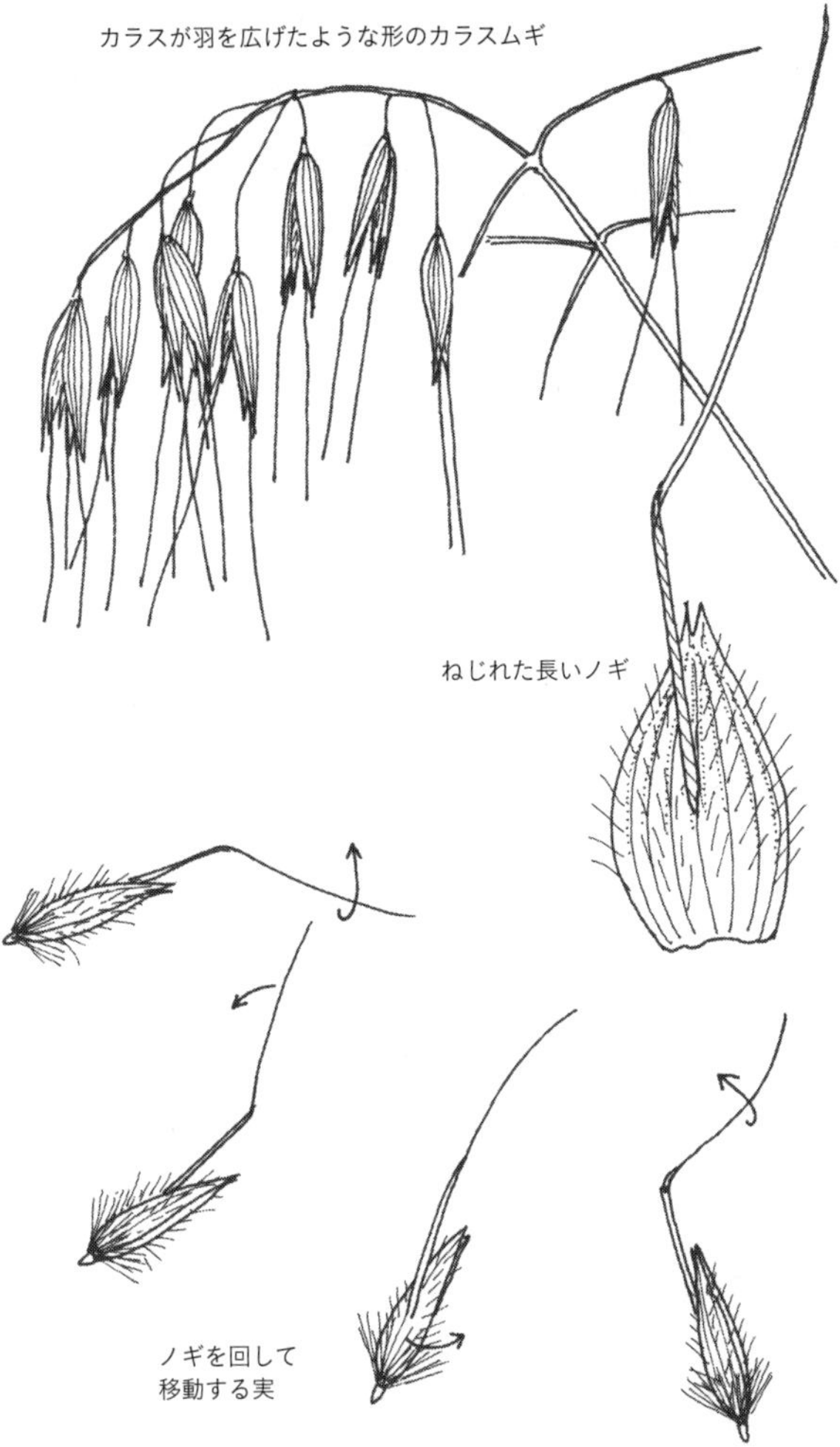
カラスが羽を広げたような形のカラスムギ
ねじれた長いノギ
ノギを回して
移動する実

ヒシ　菱……ヒシ科

忍者必携の武器は〝仙人の食べ物〟

追っ手から逃げる忍者が、地面にばらまく道具が「まきびし」である。まきびしはトゲトゲした針で、踏みつけた敵を傷つける。

このまきびしとして用いられたのがヒシの実である。もっとも、そもそもヒシの実をまくから「まきびし」というのだ。まきびしというと鉄製の鉄びしがおなじみかもしれないが、実際には、鉄は高価で捨ててくるにはもったいないし、重くて持ち運びするにも不便なため、ヒシの実が用いられた。

ヒシの実には、がくが変化した二本の鋭いトゲがある。ヒシの実は軽いので水に浮遊しながら散布される。そして、このトゲで水鳥の体について移動したり、岸辺の植物にからみついて定着したりするとされている。水鳥と一緒に移動するとすれば、種子にとってはかなりの大冒険だろう。

そして、忍者たちは、このヒシの実のトゲを利用したのである。

ヒシの花

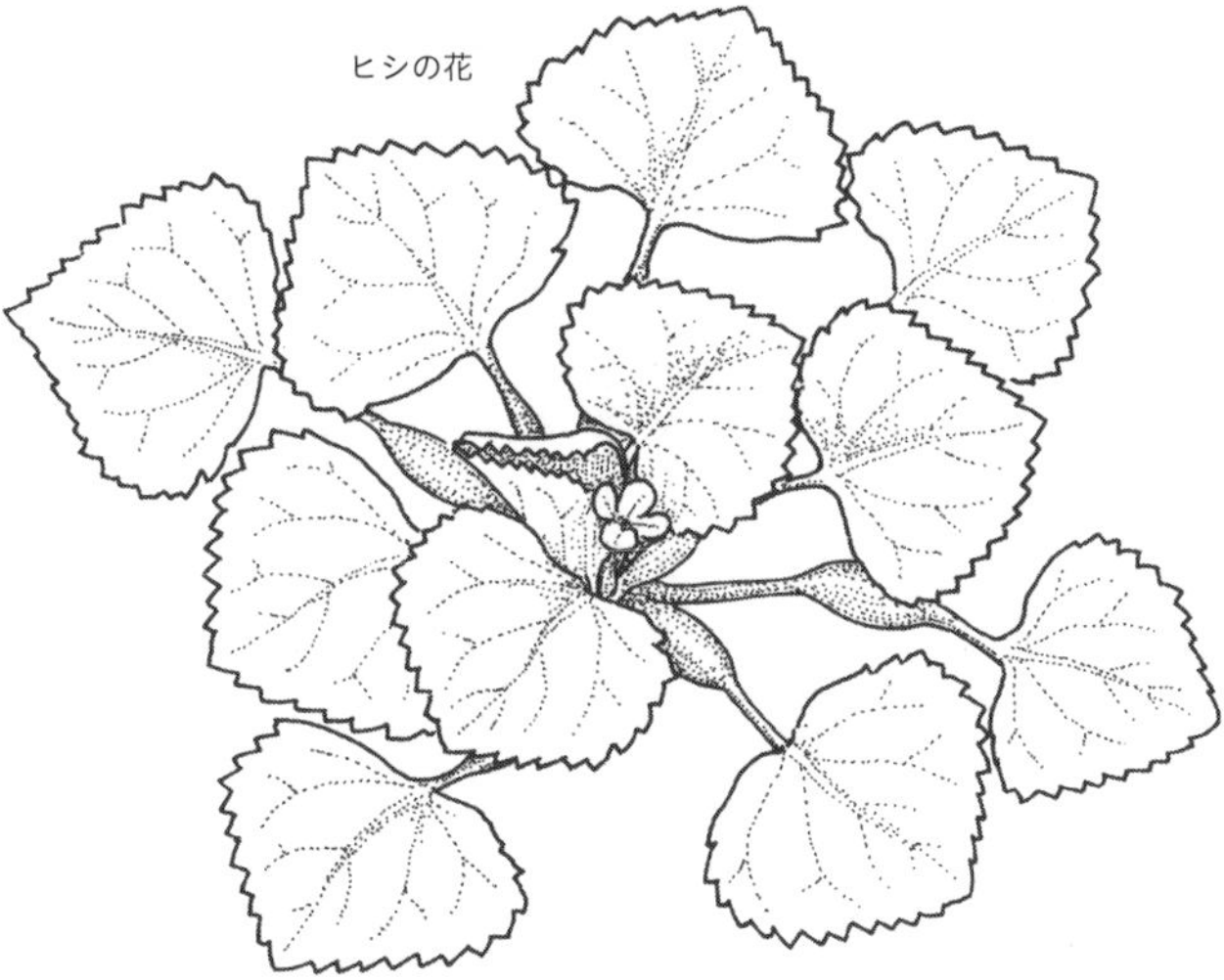

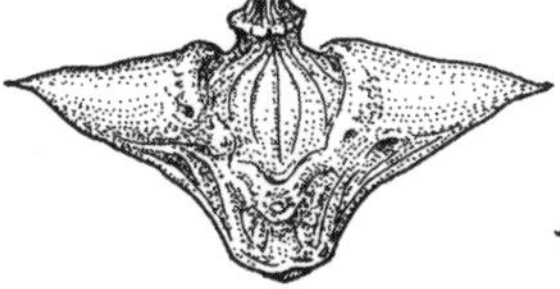

ヒシの実

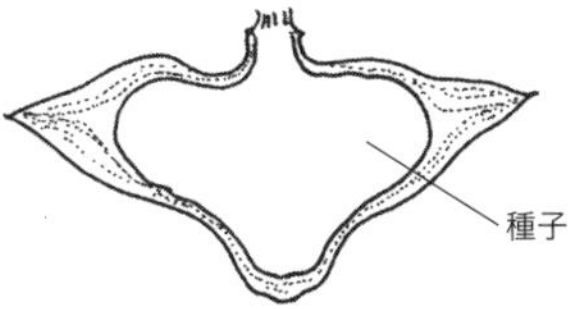

実の断面

ヒシの実の中には種子が一つだけ入っている。この種子はでんぷんを豊富に含んでいて食用にもなる。そのため、まきびしは、いざというときの忍者の非常食になったのだ。

確かに、ヒシの実はなかなか美味である。硬い殻をむいた種子の胚乳《はいにゅう》部分には香りと甘味があって、ゆでたり蒸したりすると栗のような味がする。ご飯にヒシの実を混ぜたり、粉にして餅にするなど、昔はさまざまな食べ方があった。

桃の節句におひなさまに供える菱餅《ひしもち》も、もともとは菱形の餅という意味ではなく、ヒシの実を材料に作られたといわれている。ヒシの実は、でんぷんが豊富で栄養価も高いので、ヒシの実さえ食べていれば、穀物を食べなくても長生きすることができる。そのためヒシは、仙人の食べ物といわれて尊ばれてきたほどである。ヒシで作った餅は、子どもの健《すこ》やかな成長を願う食べ物だった。しかし実際に、ヒシの実には、滋養強壮や健胃《けんい》、消化促進などの薬効があったのである。

現在では、菱餅は菱形をした餅という意味で、米で作られるが、そもそも、この「菱形」という言葉もヒシに由来している。

菱形は、ヒシの葉や実の形に由来している。ちなみに、「ヒシ」という植物の名前の由来は、実の形が四角形が「ひしゃげた形」だからというから、ややこしい。

ところで、先述の忍者のまきびしの話には、おかしなところがある。

ヒシの実は二本のトゲが左右に突き出ているだけである。そのため、ヒシの実をまいても、ヒシの実は横に倒れてしまいトゲが地面に寝てしまうのだ。これでは、ヒシの実を踏んでも痛くない。それでは、武器にならないのである。

じつは、忍者が用いたのは、ふつうのヒシではない。ヒシの仲間のオニビシという種類である。ヒシの実はトゲが二本なのに対して、オニビシはトゲが四本あるので、地面に置けば一本のトゲがしっかりと上を向く。このオニビシが武器として利用されたのである。

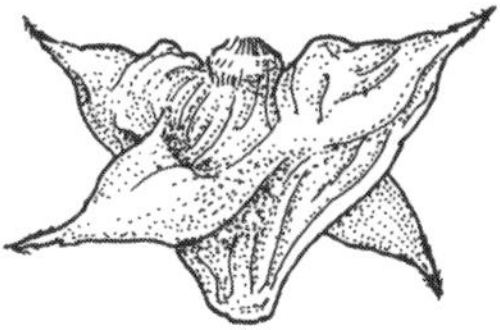
4本のトゲを持つオニビシの実

まかれるタネの話

●アサガオ　朝顔……ヒルガオ科

なぜ芽が出にくいほど種子の皮が硬いのか

日常生活の中で、種をまくという体験をすることは少ないかもしれない。生まれて初めてまいた種が、小学校でまいたアサガオの種という方もいるだろう。アサガオは小学校の理科の授業などでよく用いられる。

アサガオの種をまくには、ひと工夫が必要である。

アサガオは種子の皮が硬いので、そのままいても、なかなか芽が出ないのだ。そのため、種子をまく前に、ナイフで切り込みを入れたり、紙やすりなどで種子の皮を傷つけないといけないのである。もっとも、最近では売られている種子は、すでに処理が行われているため、そのままくことができるものが多い。

このような硬い皮を持つ種子は「硬実《こうじつ》種子」と呼ばれる。

それにしても、どうして芽を出さなければならないはずの種子が、わざわざ芽が出にくいような硬い皮を持っているのだろうか。

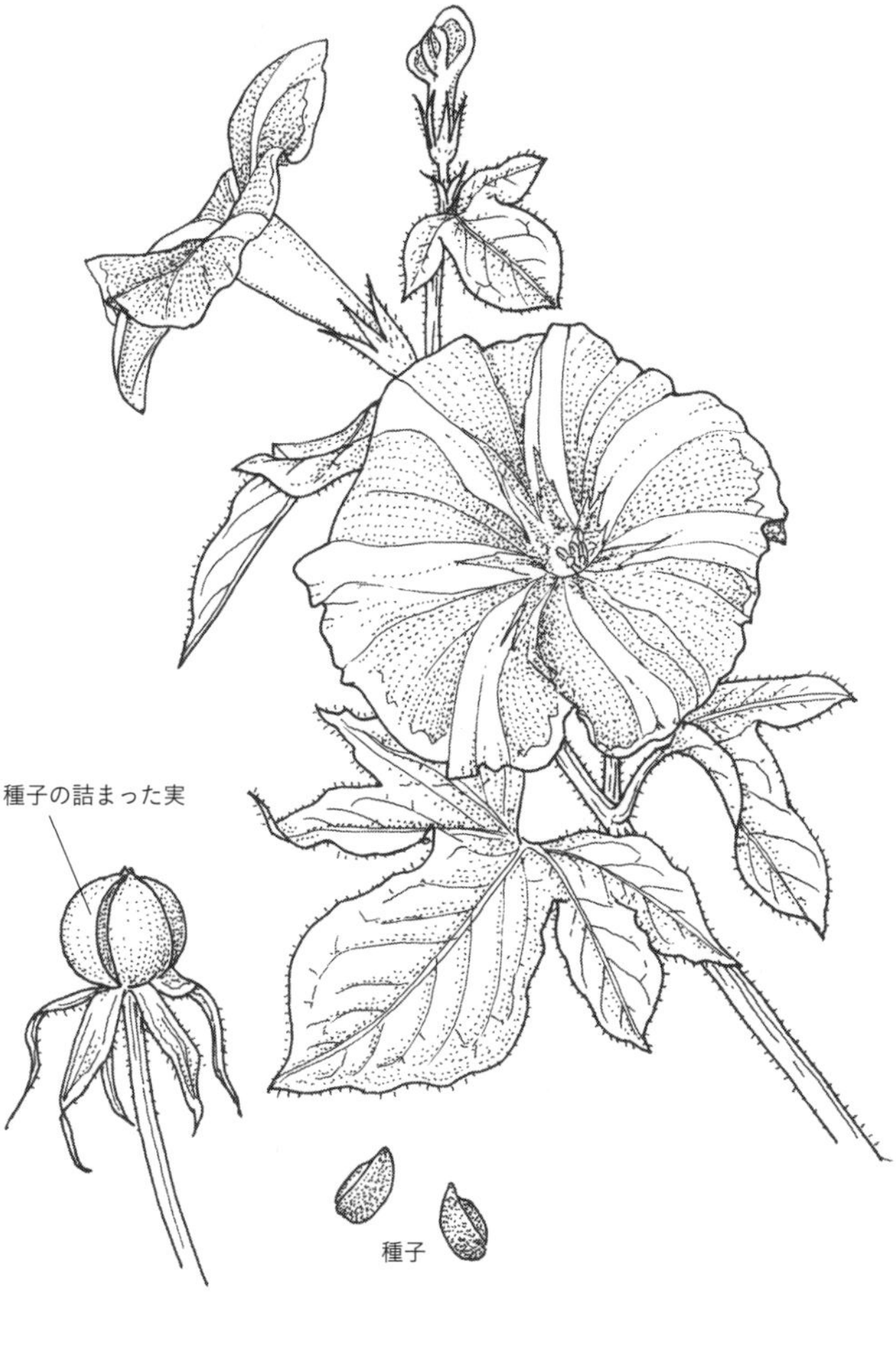
種子の詰まった実
種子

アサガオは、秋になると枯れて種がこぼれ落ちる。しかし、その時期に芽を出すと、やがて来る冬の寒さで、すべて枯れてしまう。そのため、種子が落ちてもすぐには芽を出さないようになっているのである。そして、春になるころには、種皮《しゅひ》もやわらかくなり、芽を出すようになるのである。

ひと手間かけなくてもまくことのできる種子は他にもあるのに、わざわざ種皮に傷をつけて、アサガオの栽培が学校で行われるのには理由がある。

アサガオはつるで伸びるつる植物である。つる植物は、支柱などを支えにして伸びていくので、茎を頑強《がんきょう》にする必要がなく、茎を頑強にする分のエネルギーを使って、どんどん伸びていくことができるのである。そのため、アサガオは成長が速い。双葉が出て、本葉《ほんば》が出れば、次々に葉を増やして伸びていく。この成長の速さが、子どもたちが観察をするのに適していたのである。

ところで、アサガオはつるを巻きながら伸びていくが、アサガオのつるは右巻きだろうか、それとも左巻きだろうか。

植物のつるの巻き方は、種類によって左巻きか右巻きかが決まっている。

アサガオのつるは右巻きである。ところが、本によっては左巻きと書いてあることもある。どちらが本当なのだろうか。

植物を上から見下ろすか、下から見上げるかで右巻きか左巻きかは逆になってしまう。らせん階段を上《のぼ》る人と降りる人とではまわる向きが逆になってしまうのと同じことである。アサガオの成長を観察するときは上から見るのがふつうだから、上から見るとアサガオのつるは支柱に対して時計まわりと反対に巻いていく。すなわち左巻きである。ところが下から上へアサガオの伸びる方向を向くと、これは時計まわりになる。すなわち右巻きである。つるの右巻きと左巻きは混同されているのだ。

最近では、伸長《しんちょう》方向に対して見る方が一般的だから、アサガオは右巻きになる。これはネジが右巻きになるのと同じ方向になる。伸長方向に対して親指を向けて、右手で握って親指を除く四本の指の巻き方と同じであれば、右巻き。逆に左手で握って同じであれば左巻きと判断するとわかりやすい。

ホウレンソウ

菠薐草……アカザ科

どこにトゲがあるのか

ホウレンソウは、英語では「spinach」という。「spina」というのは、ラテン語でトゲという意味である。それにしても、ホウレンソウのどこがトゲなのだろうか。

じつは、ホウレンソウの種子にはトゲがあるのである。

ホウレンソウは漢字では、菠薐草と書く。菠薐とはペルシアのことで、ホウレンソウはペルシアが起源の野菜なのである。この原種のホウレンソウの種子にはトゲがあると考えられている。もっとも、種子とはいっても、トゲがあり種子のように見えるものは、種子のまわりにある実である。

ペルシアで栽培が始まったホウレンソウは中国に伝えられて発達した。こうしてできたのがホウレンソウの東洋種と呼ばれるものである。この東洋種が江戸時代に日本に伝えられた。東洋種は葉が薄いのでおひたしに適しているのが特徴である。

一方、ヨーロッパへはイスラム教徒を介して広がっていった。こうして発達したの

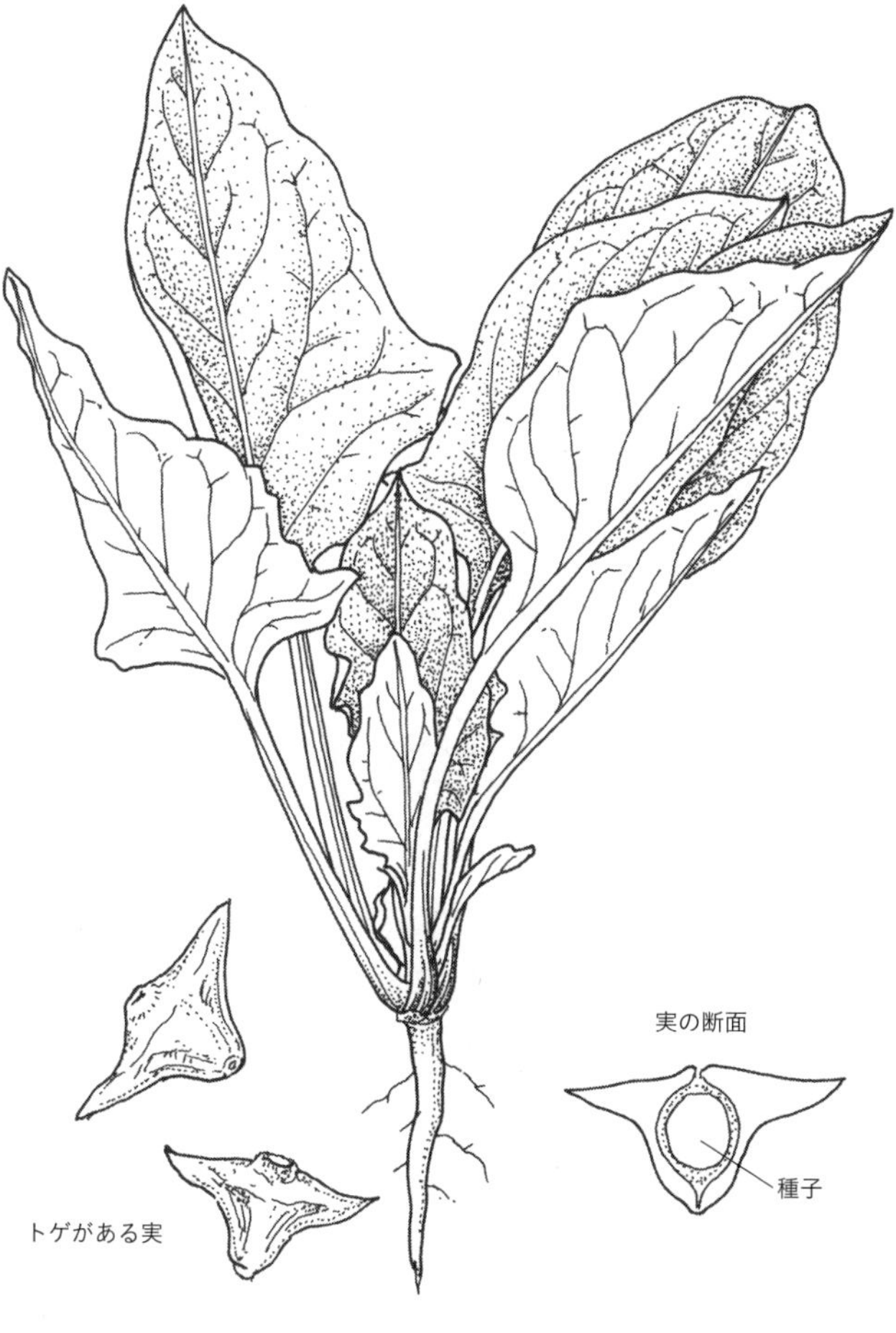
実の断面
種子
トゲがある実

が西洋種である。西洋種は東洋種と違って葉が厚く、崩れにくいので、バターやオリーブなどの油で加熱する料理に適している。

この西洋種の種子はトゲがなくなり、丸い種子になっている。

日本では江戸時代までは東洋種を栽培していたが、明治以降になると西洋種も伝えられた。ペルシアで誕生し、東と西へ別々の道を歩んだホウレンソウだが、地球の東回りと西回りとで、日本で再び出会ったのである。

そして、日本では、東洋種と西洋種の両方の良さをあわせ持った雑種が作られた。私たちが食べているホウレンソウのほとんどは、東洋種と西洋種の雑種である。まさに和洋折衷《せっちゅう》。クリスマスと正月をともに祝い、教会と神前の結婚式を自由に選べる国だからこそ起こりえたのだろうか。

この雑種の種子には、トゲのある東洋種の特徴を持つものと、トゲのない西洋種の特徴を持つものとがある。

ホウレンソウの種子は、アサガオと同じように種皮《しゅひ》が硬い硬実《こうじつ》種子である。そのため、芽を出させるのが難しく、昔から「ホウレンソウは生えぬもの」といわれてきた。

そこで最近では、種皮を取り除いた種子が販売されている。これが、「ネーキッド種子」と呼ばれる種子である。ネーキッドは英語で「ｎａｋｅｄ」で「裸の」という意味となる。また、溶液などに浸漬《しんせき》して、発芽を促進させる方法もある。こうして発芽しやすくしたものがプライミング種子である。このように、さまざまな工夫をすることによって、まけばすぐに芽を出す種子が私たちに届くのである。

ニンジン　人参……セリ科

まいた種には毛がないのに、できた種には…

ニンジンとダイコンとゴボウは、いずれも根っこが太った野菜で、よく似た形をしているが、植物としてはまったく別の種類である。

ゴボウはキク科の植物でアザミのような花を咲かせて、タンポポのように綿毛のような種子を作る。また、ダイコンはアブラナ科の植物で菜の花のような花を咲かせる。アブラナの種子は菜種油を搾《しぼ》る「菜種」である。ダイコンの種子は菜種に似ている。

一方、ニンジンはセリ科の植物である。ニンジンはパセリやセロリの仲間なのだ。

それでは、ニンジンはどんな花を咲かせるのだろう。

ニンジンの花は、小さな花が集まって一つの花を形作っている。これがセリ科植物の花の特徴である。ニンジンは、一見するとまるで大菊の厚物《あつもの》のような豪華な花を咲かせる。ニンジンの花をよく見ると、パセリと同じように小さな花が傘状のかたまりを形成し、そのかたまりがさらに集まって大きな傘状の花のかたまりを形成している。

ニンジンの花

毛のある種子　　花

何千もの小さな花がところ狭しと集まって大きな花を形作っているのである。

ニンジンの花が咲き終わった後には種ができる。しかし、奇妙なことがある。最初にまいた種と、花が咲き終わってできた種は形が違うのだ。最初にまいた種は、毛が生えていない。ところが、できた種にはたくさんの毛が生えているのだ。

じつは、ニンジンの種にはもともと毛が生えている。ところが毛には発芽を抑制する物質が含まれているのだ。秋にできあがった種がすぐに芽を出すと、冬の寒さで死んでしまう。だから、発芽を抑制してすぐには芽を出さないように工夫されているのだ。しかし、それは野生条件での話。栽培する場合には、まいたらすぐに芽を出してくれないと都合が悪い。だから、売っている種は毛を取り除いてあるのである。

しかし、ニンジンは毛を除いても、それだけでは芽を出さない。ニンジンの種子をまくときには、土をたくさんかけてはいけない。じつはニンジンの種子は光が当たる条件でないと芽が出ないのである。このような性質を持つ種子は「好光性《こうこうせい》種子」と呼ばれている。

もちろん、野菜となった今では、人間が適切な時期に種をまいてくれるし、まわりの雑草を抜いてくれるから、そんな心配はいらない。しかし、ニンジンは野生の植物であったときの記憶を失わずに、自ら発芽のタイミングを決めるようになっているのである。

●ナス　茄子……ナス科

世界初のF_1種子は日本のナスの種子だった

最近、F_1《エフワン》種子というものが話題になっている。

野菜や花の種子の袋を見ると、「F_1」や「交配」という言葉が書かれている。これらの言葉が、F_1種子であることを表している。

F_1種子とは、いったいどのようなものなのだろうか。

F_1種子は、F_1品種ともいう。しかし、実際には品種というわけではない。

メンデルの遺伝の法則では、AAとaaという親を掛け合わせると、すべてがAaとなった。つまり、すべての子どもの性質がそろったことになる。植物は、本来、さまざまな環境に適応した子孫を作るために、バラバラな性質の種子を作ろうとする。しかし、作物を作る上で、性質がそろわないことは都合が悪い。収穫管理を行う上では、性質がそろう方がよいのである。

メンデルの法則によって作られたAaという子孫は、F_1世代と呼ばれている。そのため、こうして作られたF_1世代の種子はF_1品種と呼ばれているのである。ただし、実際には、F_1自身は品種ではなく、ＡＡの品種とａａの品種があり、これを交配して作られる。そのため、「F_1交配」とも呼ばれているのである。

このF$_1$を作る技術は、大正時代に日本で開発された。そのときに作られたのが、ナスのF_1種子である。ＡＡという品種とａａという品種を交配するためには、自分の花粉で受粉してしまわないように、雄しべを取り除かなければならない。この細やかな技術は、器用な日本人女性の指先の技術があって、初めて可能になったのである。

ところが、その後、アメリカで遺伝的に花粉を作らない雄性不稔《ゆうせいふねん》という系統が発見されると、世界中でF_1種子が作られるようになった。

F_1種子は、その株から得られた種子をまいても芽が出ないといわれるが、実際にはそんなことはない。F_1世代どうしの交配で得られる種子は、F_2世代となる。F_2世代は、メンデルの分離の法則で、形質が分離する。そのため、種子をまいても、形質がばらついてしまいF_1世代と同じ形質の子孫が得られないのである。

F_1種子は、農産物をそろわせるという目的では、極めて優秀だが、得られた種子は使えないので、農家の人は毎年、種子を買わなければならない。そのため、農家の種採りの技術は失われたり、種苗《しゅびょう》会社の力が強くなりすぎることが問題視されているのである。

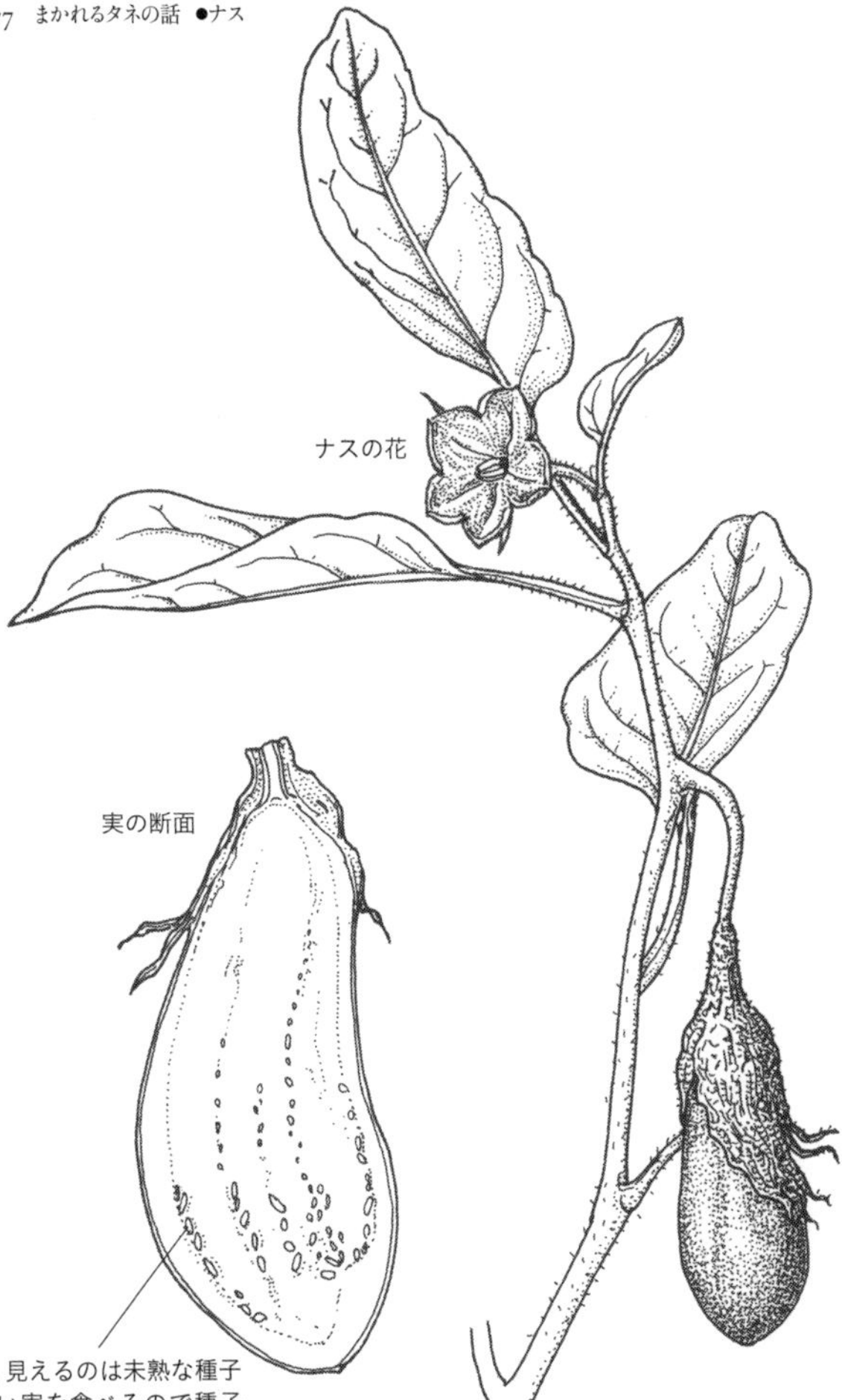
ナスの花
実の断面
薄く見えるのは未熟な種子
(若い実を食べるので種子
はまだ熟していない)

まかれないタネの話

チューリップ

ユリ科

なぜ種子で育てないのか

チューリップは球根を植えて育てる。アサガオやヒマワリのように、種子をまくことはない。

じつは、チューリップに、種子はできるのだろうか。

じつは、チューリップにも種子はできる。ところが、チューリップを種子で育てないのには、理由がある。球根であれば、秋に球根を植えれば、春には花を咲かせることができる。しかし、チューリップを、種子から育てようとすると大変である。種子をまいても一年目はほんの小さな葉が一枚出るだけで終わりである。そして、二年目に、小さな葉がやっと数枚出てくる。こうしてチューリップは少しずつ少しずつ球根を育てていくのである。花が咲くまでにはおよそ六年はかかる。チューリップを種子から育ててあげるのは大変なのだ。

また、種子で育てるのは、もう一つ問題がある。

赤い花の球根から増えた球根は、元のチューリップの分身なので、元の花と同じ赤

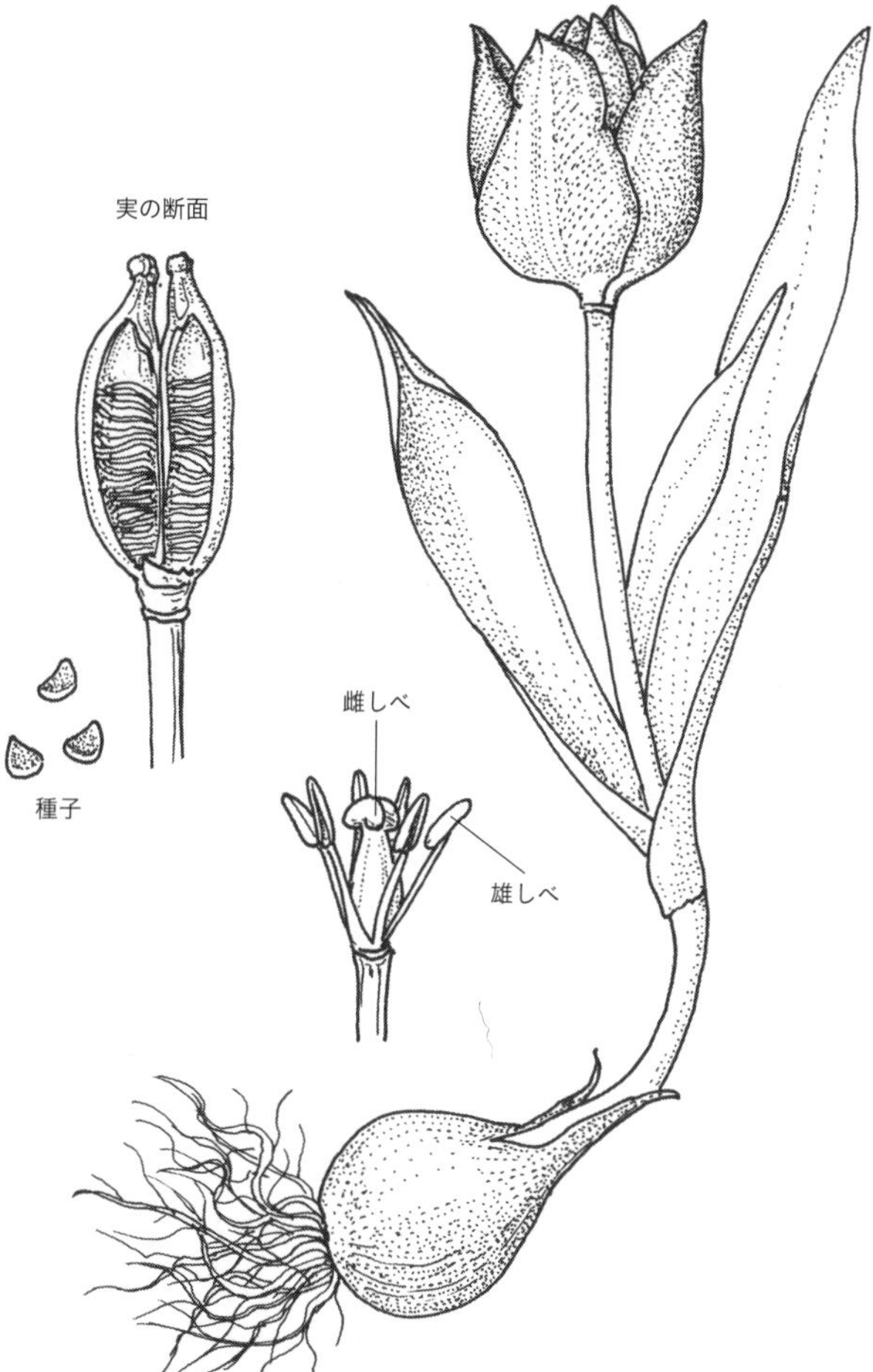
実の断面
種子
雌しべ
雄しべ

い花が咲く。しかし、種子は他の花と交配して作られる。そのため、赤い花に、黄色い花の花粉がかかったとすれば、その子どもである種子が、赤い花になるとは限らない。どんな花が咲くかまったくわからないのだ。

アサガオやヒマワリは、種子で増やすことしかできないので、種子をまいても、同じような花が咲くように、品種が作られている。しかし、チューリップのように球根で増やすことができる植物は、種子で増やす場合は、遺伝的に安定しないのである。ただし、チューリップを種子から育てることもある。それは、新しい品種を作るときである。種子であれば、どんな花が咲くかわからないということは、新しい形や色の花を咲かせることができるかもしれないのだ。それでも、やはり花が咲くまでにおよそ六年の歳月を必要とする。新しい品種を作り出すということは、根気のいる作業である。

アンデルセン童話の親指姫は、チューリップの花から生まれた女の子である。子どもが欲しいと願った女性が、魔法使いからオオムギの種子をもらった。この種子をまくと、チューリップが咲き、中から女の子が現れるのである。

植物の種について考えると親指ほどの小さな女の子の存在よりも、オオムギの種子からチューリップが咲いた方が、よっぽど不思議な現象である。

ラン　蘭……ラン科

微小すぎる種子の恐るべき戦略

ランの種子を発芽させるのは、難しい。ランの種子を育てるときには、無菌状態のフラスコの中で、栄養分の入った培地に種をまかなければならないのだ。

ランは、一つの小さな花が数十万個もの種子を作る。ふつうの植物は一〇〇個から多くても一〇〇〇個くらいの種子であるから、これはあまりに多い。そのため、どうしても一粒当たりの種子が小さくなってしまう。ランの種子は、一ミリにも満たないような大きさである。そして、あまりに小さすぎて、発芽のための栄養分さえ持ち合わせていないのだ。そのため、まるで未熟児の赤ちゃんを大切に育てるようにしなければ、種子が芽を出すことができないのである。

しかし、そうまでしなければ芽を出すことができないようなランの種子は、自然界では、どのように芽を出すのだろうか。ランの種子は小さいので、まるでほこりのように風に舞って散布されていく。しかし、ランは発芽のための栄養分を持っていない。

じつは、ランの種子は恐るべき戦略を持っているのだ。ランの種子は、ラン菌というカビの仲間を呼び寄せる。そして、驚くことに自らの体に寄生させてしまうのである。

ラン菌がやってくるのは、ランの種子を侵して栄養分を吸収しようとするためである。そして、ランの種子の中に菌糸《きんし》を伸ばしてくるのだ。ところが、それはランの種子の思うツボである。ランの種子は種子の中に入り込んだ菌糸から、逆に栄養分を吸収してしまうのである。そして、ついにはラン菌を分解して完全に吸収し、栄養分を得る。この栄養分でランの種子は発芽するのである。なんという驚きの方法なのだろう。一歩間違えば逆に菌に侵されてしまう。まさに「肉を切らせて骨を絶つ」ぎりぎりの作戦である。

ランは、ハチを呼び寄せて花粉を運ばせる。しかしランの花の雄しべには、粉状の花粉ではなく、接着剤のついた花粉のかたまりが用意されている。この花粉のかたまりをハチにつけるのである。そしてハチが別の花を訪れたとき、雌しべの先はさらに粘る鳥もちのようになっていて、接着剤で虫についた花粉のかたまりをちぎりとってしまう。

ランは種子の数がものすごく多いので、一つ一つ受粉していては大変である。そのため、一度に受粉を済ませるように工夫されているのだ。

美しいランの花もその種子には驚くほどしたたかな戦略があるのである。

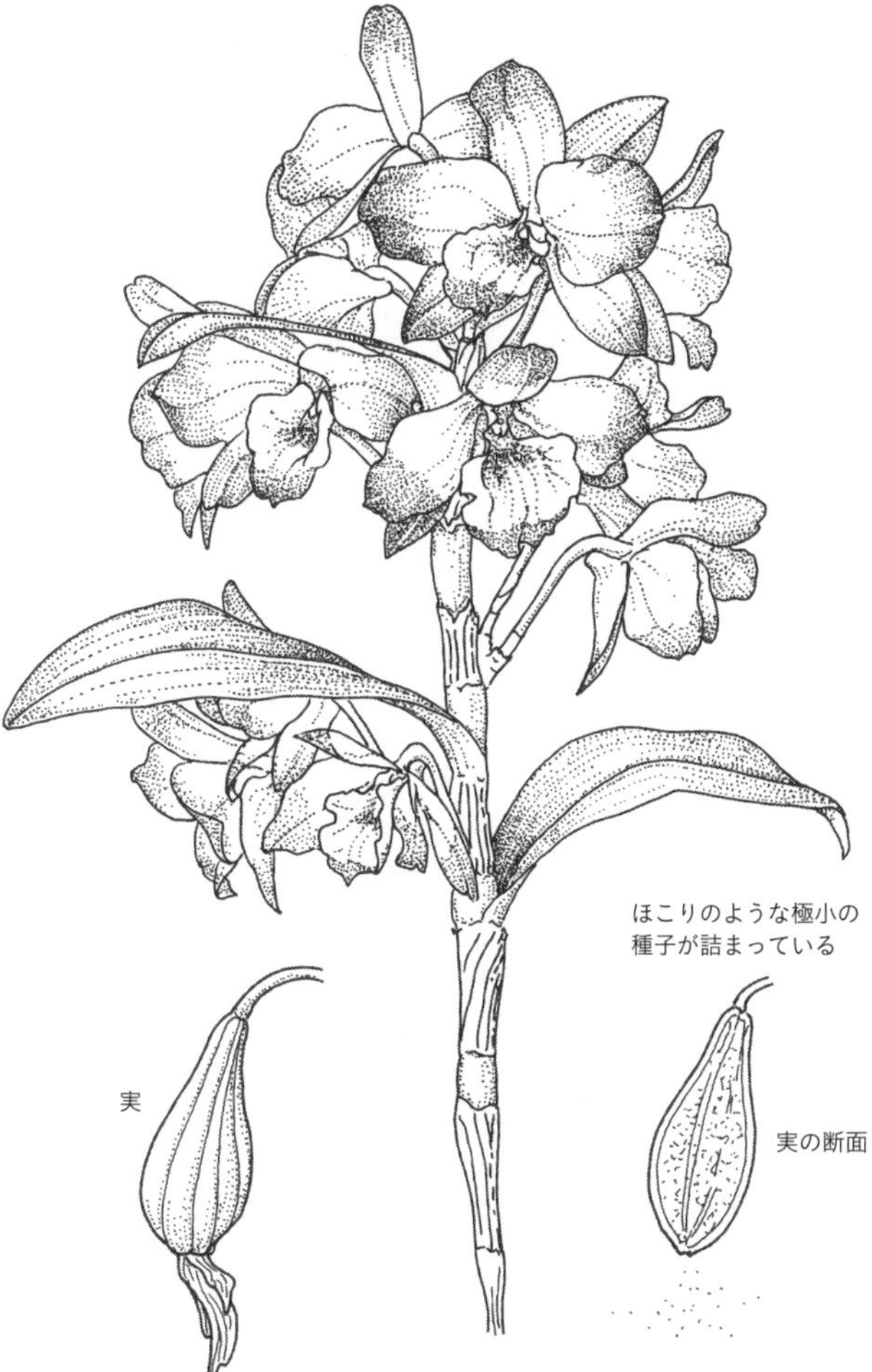
ほこりのような極小の
種子が詰まっている
実
実の断面

チャ　茶……ツバキ科

地図記号になった三つの種子

点を三つ並べた地図記号は茶畑である。

チャの実の中には種子が三つ入っている。そして、チャが茶色く熟すと、実が割れて、三つの種子が現れる。三つの種子の並ぶ形が、茶畑のマークとなったのである。

チャはツバキ科ツバキ属の植物である。そのため、十月から十二月ごろになると白いツバキのような花を咲かせる。そして、その後、実ができる。

ツバキの実は油を搾《しぼ》るとツバキ油の原料となる。同じツバキ科のチャの実も、油を取ることができる。古くは、チャの実の油もツバキ油と同じように洗髪や食用に用いられてきた。

しかし、チャの葉の栽培では、花が咲いたり、実をつけると、栄養分を取られてしまうので、できるだけ花が咲かないような栽培が行われている。

チャは、中国南部が原産の作物である。中国では、チャは薬として寺院で栽培さ

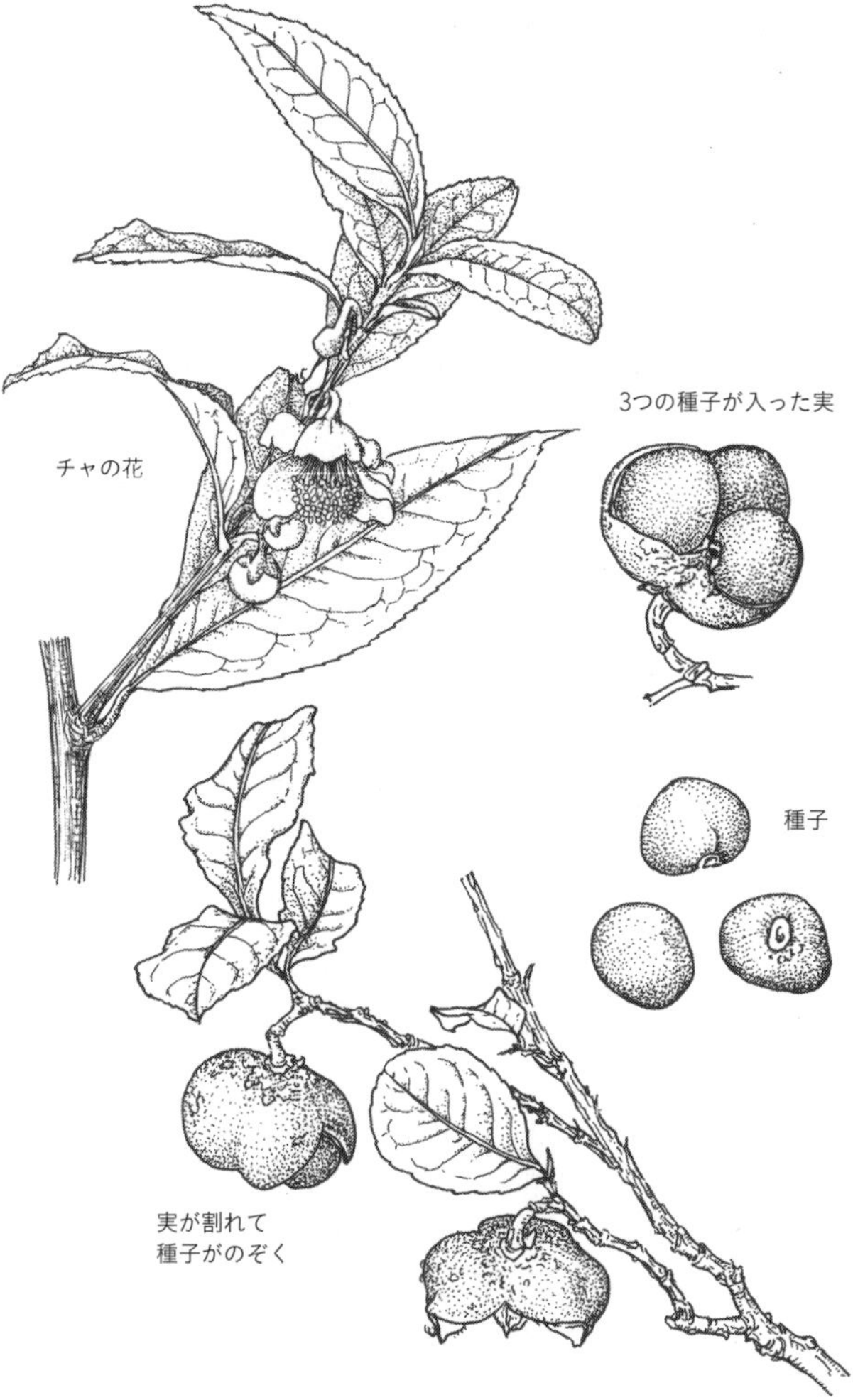
3つの種子が入った実
チャの花
種子
実が割れて
種子がのぞく

れていた。古くは遣唐使として中国へ渡った僧たちがチャの種子を日本に持ち帰った。そして、鎌倉時代に中国に渡った留学僧たちが、チャの栽培法や製造方法を広く普及させ、チャの栽培は全国へと広がっていくのである。

　このように、チャはもともと種子で栽培されていた。しかし、種子で栽培する方法では、元の株と同じ形質のものを作ることができない。せっかく良い株があったとしても、その株を増やすことはできなかったのである。

　茶畑は、チャが畝《うね》に並んでいるが、もともとは一株ごとに栽培されていた。しかし、収穫が機械化されてくると、収穫しやすいように畝が作られるようになったのである。しかし、種子で繁殖をすると、形質がばらついてしまう。

　植物はさまざまな環境に対応できるように子孫をばらつかせる。そのため、種子で増やすと生育が旺盛《おうせい》なものや、生育がゆっくりしたもの、収穫時期が早いものや、遅いものなど、さまざまな株ができてしまうのである。畝仕立てにしても、並んだ株はなかなかそろわない。そのため、畝がまっすぐな直線にならずに波打ったようになってしまうのである。

　しかし、昭和初期に挿し木で増やす技術が開発され、現在では挿し木で増やすことができるようになった。今では茶畑は直線的な畝が並ぶ風景が広がっているが、それは挿し木技術の開発によって可能になったのである。

時を超えるタネの話

ハス

蓮……スイレン科

二〇〇〇年の時を超えて発芽した種

千葉県落合《おちあい》遺跡で発掘された二〇〇〇年以上前のハスの実が、芽を出し、花を咲かせたニュースが日本中を驚かせた。このハスは発見者の植物学者大賀《おおが》一郎博士の名前に由来して大賀ハスと呼ばれている。

大雨が降れば水位が高くなり、日照りになれば水位が下がる池や湖は、植物にとっては不安定な環境である。そのため、水辺に育つ植物の種子は、種子寿命が長く、発芽に適した時期を地面の下で長い間待ち続けるものが少なくない。それでも二〇〇〇年の時を超えて芽を出したというのは、驚きである。

ハスの地下茎はレンコンとして食べられるが、ハスの実も食用になる。日本ではハスの実をご飯に炊《た》き込んだりして食べるが、西洋ではハスの実を食べると「すべての憂《うれ》いを忘れる」といわれている。

ハスは、古くから神聖な植物とされてきた。特に仏教ではハスは大切な植物とされ

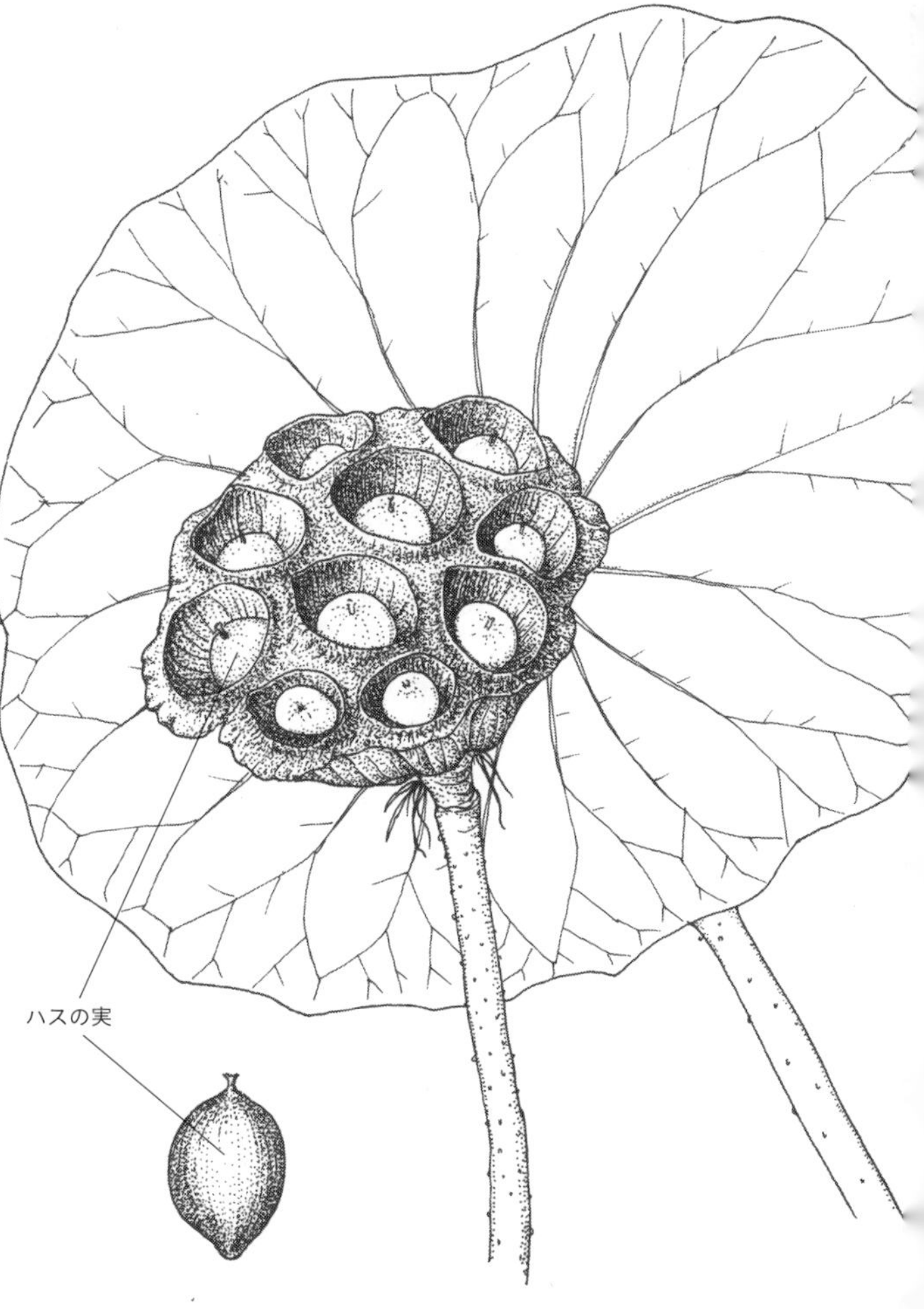
ハスの実

ている。たとえば、仏像は蓮華座《れんげざ》と呼ばれるハスの花の台座に座っているし、ハスの花を挿した水差しを持つ仏像もある。「蓮は泥より出でて泥に染まらず」といわれるように、ハスは汚れた泥の中から茎を伸ばして美しい花を咲かせる。この姿は、善と悪や清浄と不浄が混在する人間社会の中に悟《さと》りの道を求める菩薩道《ぼさつどう》にたとえられた。

ハスは化石として発見されるほど古くからある植物である。そのため、ハスの花には古代の植物の特徴が随所《ずいしょ》に見られる。

ハスは花びらの数が多い。また、花をよく見ると、雄しべと雌しべがやたらに多くごちゃごちゃしている。これも古代の植物の特徴である。植物は進化の過程で、花びらや雄しべと雌しべの数を整理していった。そのため、新しいタイプの植物はバランスのよい花の構造をしているのだ。

また、雌しべがずんぐりしていて、無秩序に離れて並んでいるのも、花の形が整理されていない古代植物の特徴の一つである。このずんぐりとした雌しべは、実と間違えられて、ハスは花が咲くと同時に実を生じると珍しがられた。そして、原因と結果は常に一致するものであり、原因が生じたと同時に結果がそこに生じるという仏法の「因果倶時《いんがぐじ》」のたとえに用いられたのである。

花が咲き終わると、ずんぐりとした雌しべが実になっていく。これが、ハスの実である。

ハスの実が落ちた後には、無数の穴が残る。この様子がハチの巣に似ているので、ハチスと呼ばれた。このハチスが詰まったのが、ハスの名の語源とされている。

エンドウ

豌豆……マメ科

現代によみがえった「ツタンカーメンのエンドウ」

「えんどう豆」といわれることもあるが、エンドウは、漢字で「豌豆」と書くので、すでに豆を意味している。「えんどう豆」では、「豌豆豆」になってしまうのだ。

そもそも豌豆の「豌」という字には、豆へんがついている。エンドウは、さやの形が曲線を描くので、美しく曲る意味の「宛」という字に豆へんをつけて「豌」の字で表された。それに、さらに「豆」の字を重ねて「豌豆」となったのである。

エンドウのさやの中に入っている豆は、種子である。

さやを開いてエンドウの豆を見ると、さやとつながっている部分がある。この部分は胎座《たいざ》と呼ばれている。これは動物の胎盤が胎児を育てるのと同じように、栄養分を送って豆を育てるためのものである。

熟した豆には「へそ」と呼ばれる黒い部分があるが、これは人間の「へそ」と同じように、親植物とつながっていた証《あか》しなのである。

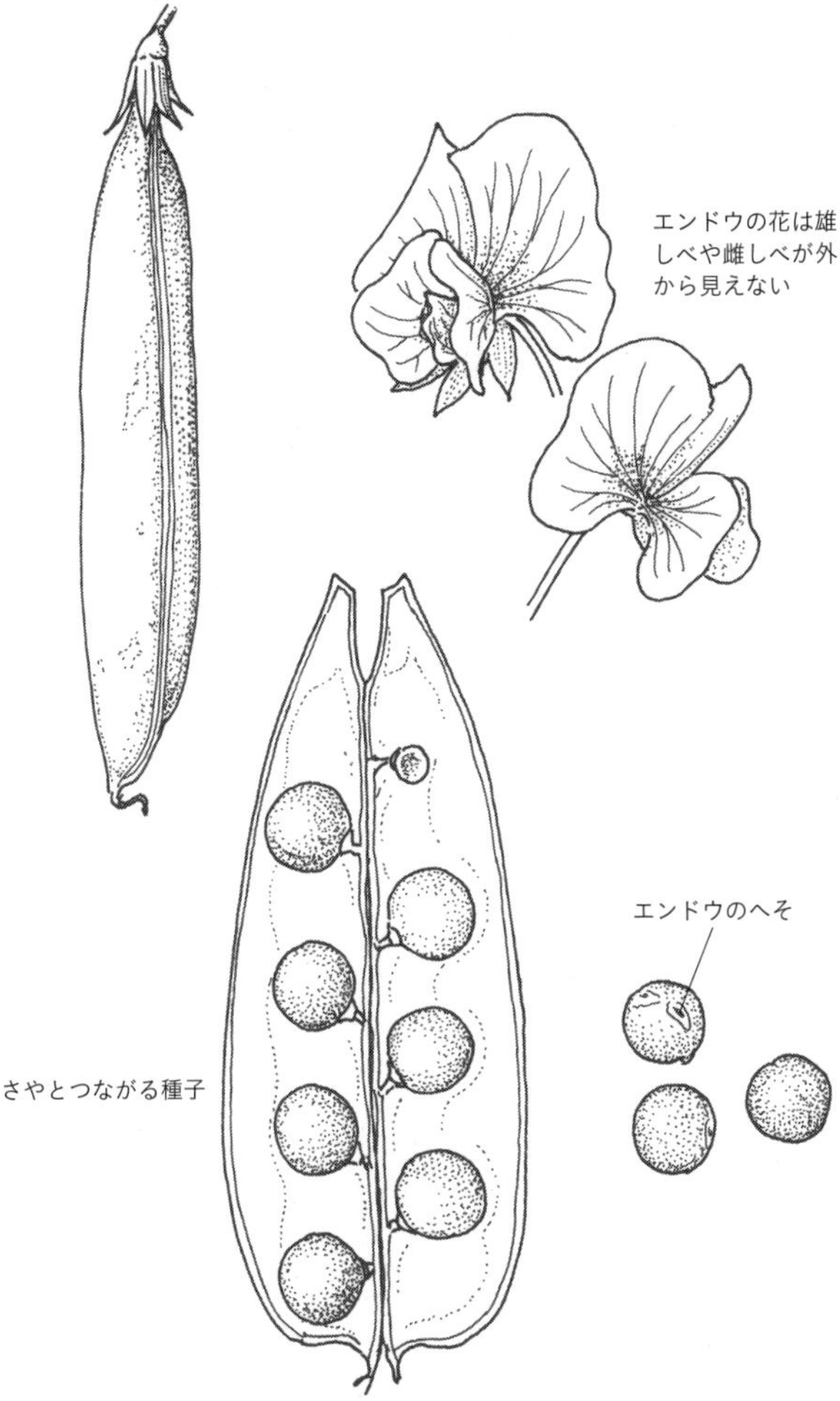
エンドウの花は雄しべや雌しべが外から見えない
エンドウのへそ
さやとつながる種子

意外なことに、エンドウは、世界でもっとも古い野菜の一つとして知られている。ヨーロッパでは紀元前六〇〇〇年ごろの石器時代の遺跡からエンドウが発見されている。そして、有名なエジプトのツタンカーメンの墓からもエンドウが発見された。しかもこのとき発見されたエンドウは数千年の時を超えて芽を出して花を咲かせたのである。これが「ツタンカーメンのエンドウ」である。

やがて時代は下って、遺伝学の発展の基礎となった「メンデルの法則」が発見されたのが、エンドウを用いた実験であった。メンデルの実験では、丸い豆としわになる豆の遺伝が観察された。しかし、メンデルが遺伝の法則を発見できたのは、エンドウが植物の中でも単純な遺伝様式を示すからである。エンドウは自分の花粉で種子をつける自殖性《じしょくせい》という性質を持っている。もし、どこの馬の骨ともわからない他の個体の花粉を受粉していたとしたら、さまざまな形質の子どもが現れて、とても遺伝の法則性は見出《みいだ》せなかったことだろう。

マメ科の花は蝶形花《ちょうけいか》と呼ばれる独特の形をしている。その名のとおり、蝶が羽を広げているような複雑で美しい形である。この美しい花で、ハチなどの昆虫を呼び寄せて受粉しようとしているのである。

それなのに、エンドウの花は、虫がやってくるのを拒むかのように、花びらが閉じて、花の中に入れないようになっている。植物は、もともと、他の個体と受粉することによって、さまざまなタイプの子孫を残す。こうして、さまざまな環境の変化に対応しようとしているのである。一方、人間に保護されて育つエンドウは、厳しい環境条件を乗り切る必要がない。むしろ、人間の保護を受け続けるためには、人間たちが期待するエンドウの性質を、変わることなく子孫代々に伝えていく方が大事である。そのため、自分の花粉で受粉する自殖性を発達させたのである。

ツバキ

椿……ツバキ科

室町期の平等院鳳凰堂のツバキの種が開花

平等院鳳凰堂《ほうおうどう》の発掘調査で、室町時代中期に堆積《たいせき》した池の泥から、ツバキの種が見つかった。この種子が発芽したものが「室町椿《つばき》」として育てられた。このツバキは、六〇〇年以上もの時を超えて花を咲かせたのである。

ツバキは、もともと日本に自生する樹木である。

ツバキは古くから寺院などに植えられてきた。寒い冬の間も枯れることなく、緑色の葉を維持している常緑樹《じょうりょくじゅ》は、古来不思議な力を持つ神聖な木とされてきたのである。そういえば、仏前に飾るシキミや神前に供えられるサカキなども常緑樹である。

「ツバキは、首が落ちるので縁起が悪い」といわれる。ツバキの花はポトリと落ちる。それが、首が落ちる様子に似ているため、武士が嫌ったことに由来するといわれているのである。しかし、ツバキを嫌うという武家の屋敷にもツバキは植えられている。じつは、ツバキが縁起が悪いというのは、幕末から明治以降に作られた俗説であ

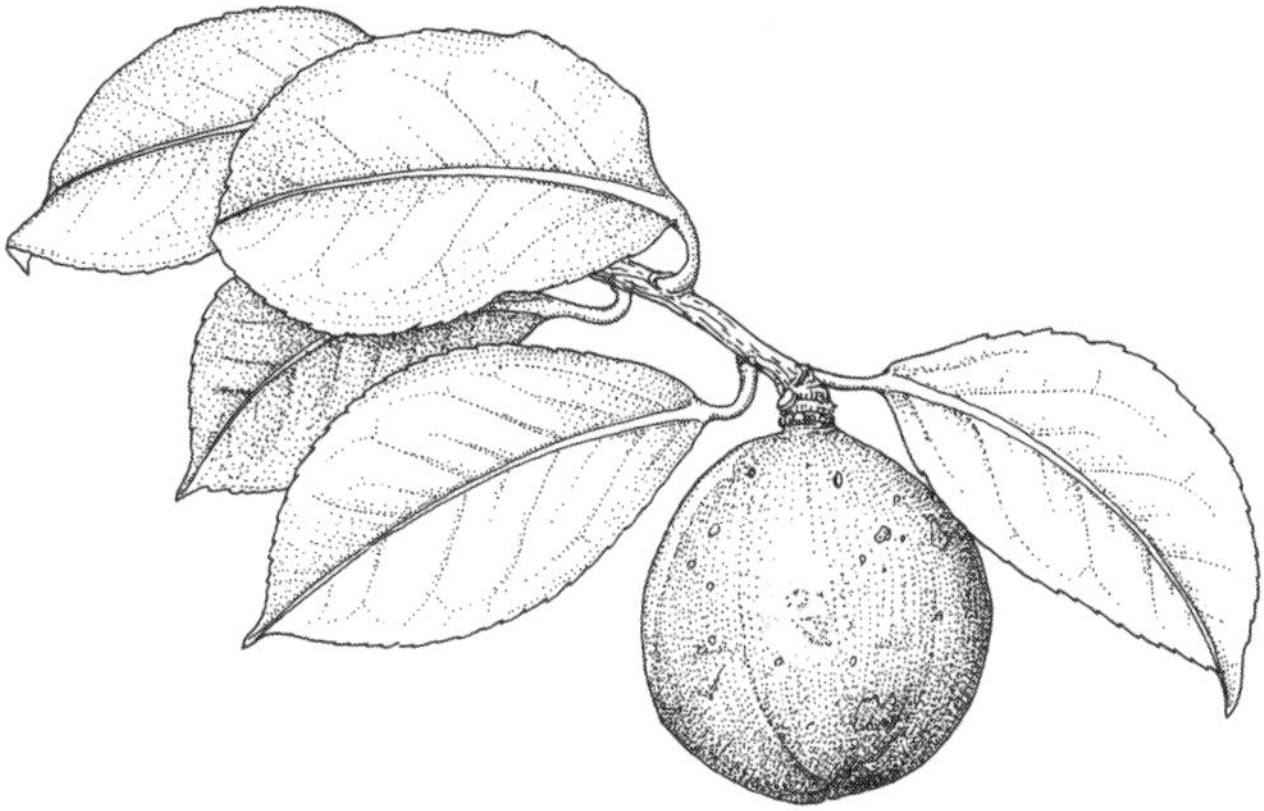

ツバキの実

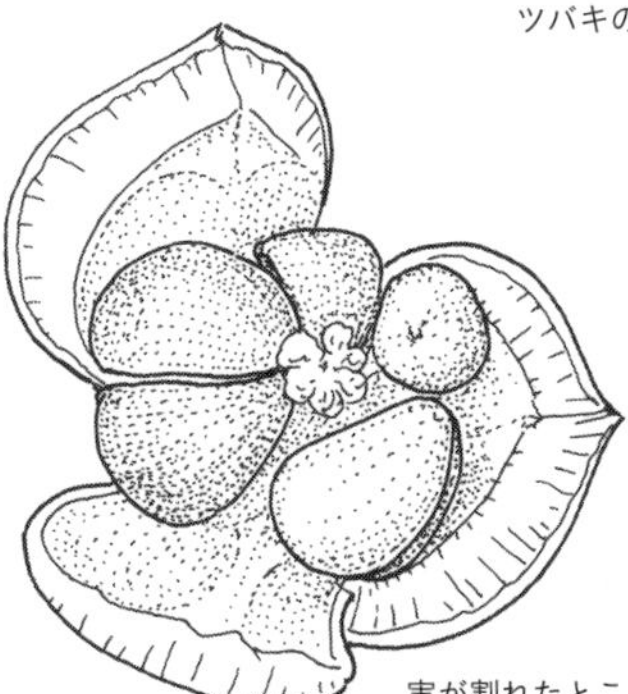

実が割れたところ

種子

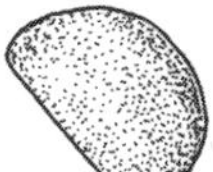

る。むしろ、古来ツバキは、縁起のよい植物として日本人に愛されてきた。武士たちは花ごと落ちるツバキを、「潔《いさぎよ》し」と尊んで、好んだのである。

ツバキは江戸時代になると、武家の間に大流行する。

徳川幕府が開かれると、江戸に多くの寺院や武家屋敷が作られ、ツバキが植えられていった。特に二代将軍、徳川秀忠《ひでただ》は無類のツバキ好きで、諸国から珍しいツバキを集めたという。三代将軍、家光《いえみつ》もツバキの愛好家であった。

こうして、戦乱の世が終わり、天下泰平《たいへい》となった江戸時代には、園芸は武士のたしなみとされて、諸藩はこぞってツバキを栽培し、さまざまな品種を将軍に献上した。そして、ツバキの新しい品種が作出《さくしゅつ》されていったのである。

ツバキは、赤い花でメジロやヒヨドリなどの鳥を呼び寄せて花粉を運ばせる。ところが鳥は頭がいいので、口に花粉がつかないように花の根元をくちばしでつついて蜜を横取りしようとするかもしれない。そのため、ツバキは花の根元を丈夫ながくで守っている。ツバキの花が散ることなく、花全体がポトリと落ちるのは、花をバラバラにされないような構造をしているからなのである。

ツバキの種子は、発芽の栄養分として油分を含んでいる。また、動物の食害から身を守るために有毒なサポニンを含んでいる。サポニンは界面《かいめん》活性の効果がある。そのためツバキは昔から洗髪などに用いられてきた。現在でも「TSUBAKI」はシャンプーのブランドである。

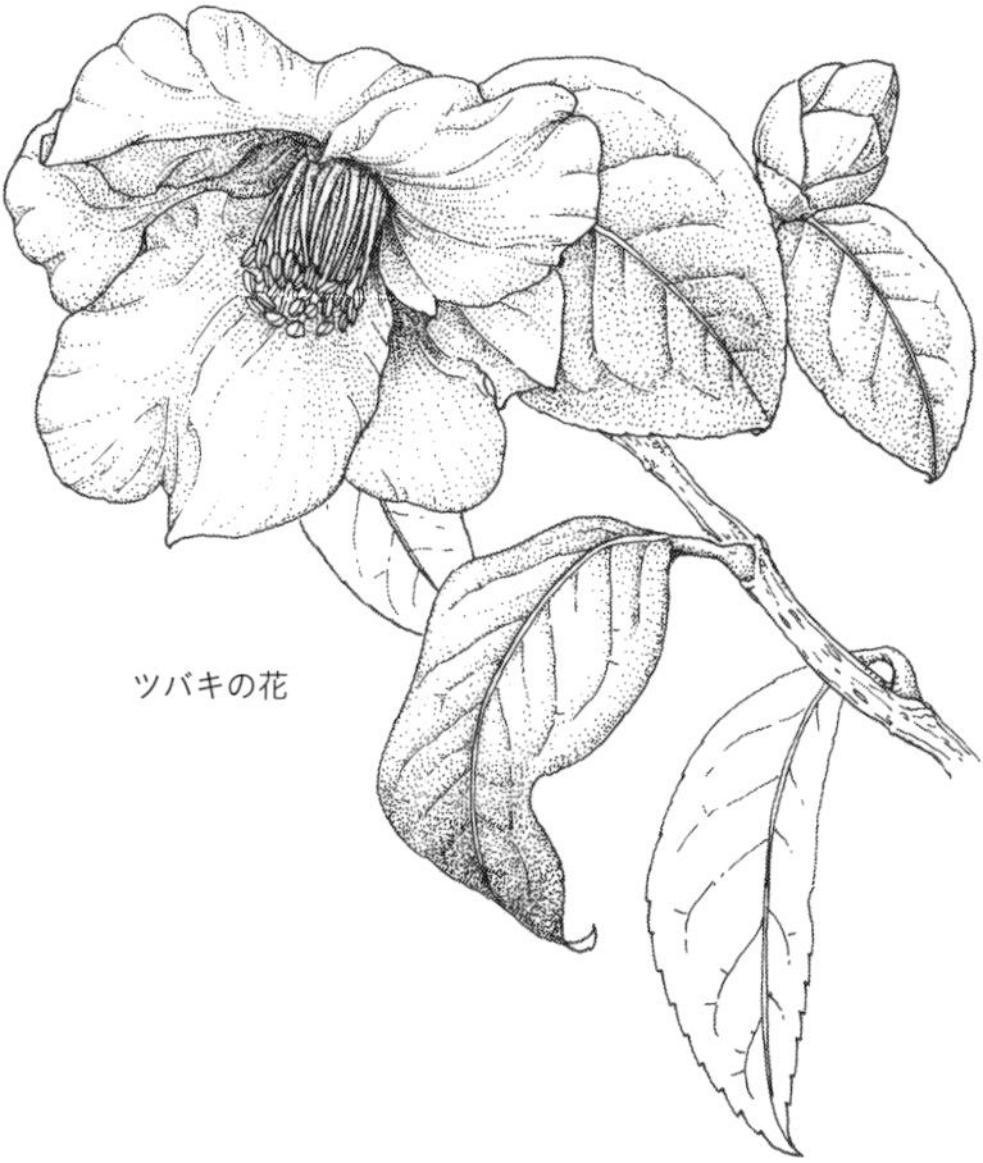

ツバキの花

アワ　粟……イネ科

伊豆半島の伝説「長者の粟」が現代に復元

水を引いて田んぼを作ることのできない山間地では、昔はヒエやアワ、キビなどの雑穀が栽培されていた。収穫した雑穀は、大切な食糧であると同時に、次の年の種となる。そのため、収穫した雑穀は大切にされてきたのである。

中でもアワは、イネが日本に伝来する以前に主食として食べられていたとされており、今でも神事《しんじ》や祭りに用いられて、大切にされている雑穀である。

そういえば、ヒエの漢字である「稗」は、のぎへんに卑《いや》しいと書くのに対してアワは「粟」で「米」という漢字を含んでいる。

ちなみに、徳島県の古い呼び名である阿波や、千葉県の古い呼び名である安房に代表されるように、太平洋側には「あわ」のつく地名が点在しているが、これは黒潮に乗ってアワが伝わっていったことに由来しているともいわれている。

黒潮が流れる静岡県の伊豆半島には「粟の長者」という民話がある。

大量の実を
つけた穂
種子
一粒の実

『昔、働き者の貧しい男がいた。ある夜、白い馬が現れて、金に輝く粟の穂を食べている夢を見た男が、夢に見た場所に行ってみると、夢のとおり白い馬が、金の粟の穂を口にくわえていた。男が荒れ地を耕して粟の穂を植えると大豊作となり、男は「粟の長者」と呼ばれる長者となったのである。』

物語の舞台となった地区の旧家では、小さな漆《うるし》塗りの木箱が家宝として伝えられていた。

そして、一九八八年に、その家宝の箱を開けてみると、中からは三本のアワの穂が出てきた。家宝にするほど、アワの種子が大切にされてきたのである。このアワをまいてみると、そのうち一粒が芽を出した。そして、この伝説の「長者の粟」は、はるかな時を超えて見事に復元したのである。

米の穫《と》れない山間地では、昔は雑穀が重要な食糧であった。そんな雑穀栽培地域では、母屋《おもや》や納屋《なや》とは別に蔵を作ってヒエやアワの種子を保管した。家が火事で焼けても、種子さえ残っていれば、生き抜くことができる。そのため、種子を大切に保管していたのである。

食べられるタネの話

イネ

稲……イネ科

白米は、イネの種子のエネルギータンク

米のイラストを描くときには、片側が少し欠けたようにすると、米らしくなる。

この欠けた部分は、何なのだろうか。

私たちがふだん食べている米は、イネの種子である。イネの籾《もみ》の殻を取り除いたものが玄米である。玄米には、私たちが食べる米のような欠けた部分がない。じつは、玄米のこの部分には、植物の芽となる胚芽《はいが》があるのである。そして、胚芽以外の部分は、イネの発芽のエネルギーになる部分である。この部分は胚乳《はいにゅう》と呼ばれている。まさに赤ちゃんのミルクのような存在なのだ。

この玄米から胚芽の部分を取り除き、米のまわりにある糠《ぬか》を削り取ると、私たちが食べる白米となる。つまり、私たちはイネの種子のエネルギータンクだけを取り出して食べているのだ。

イネの種子は、でんぷんを酵素《こうそ》で糖に分解し、さらに糖を呼吸によって分解して発

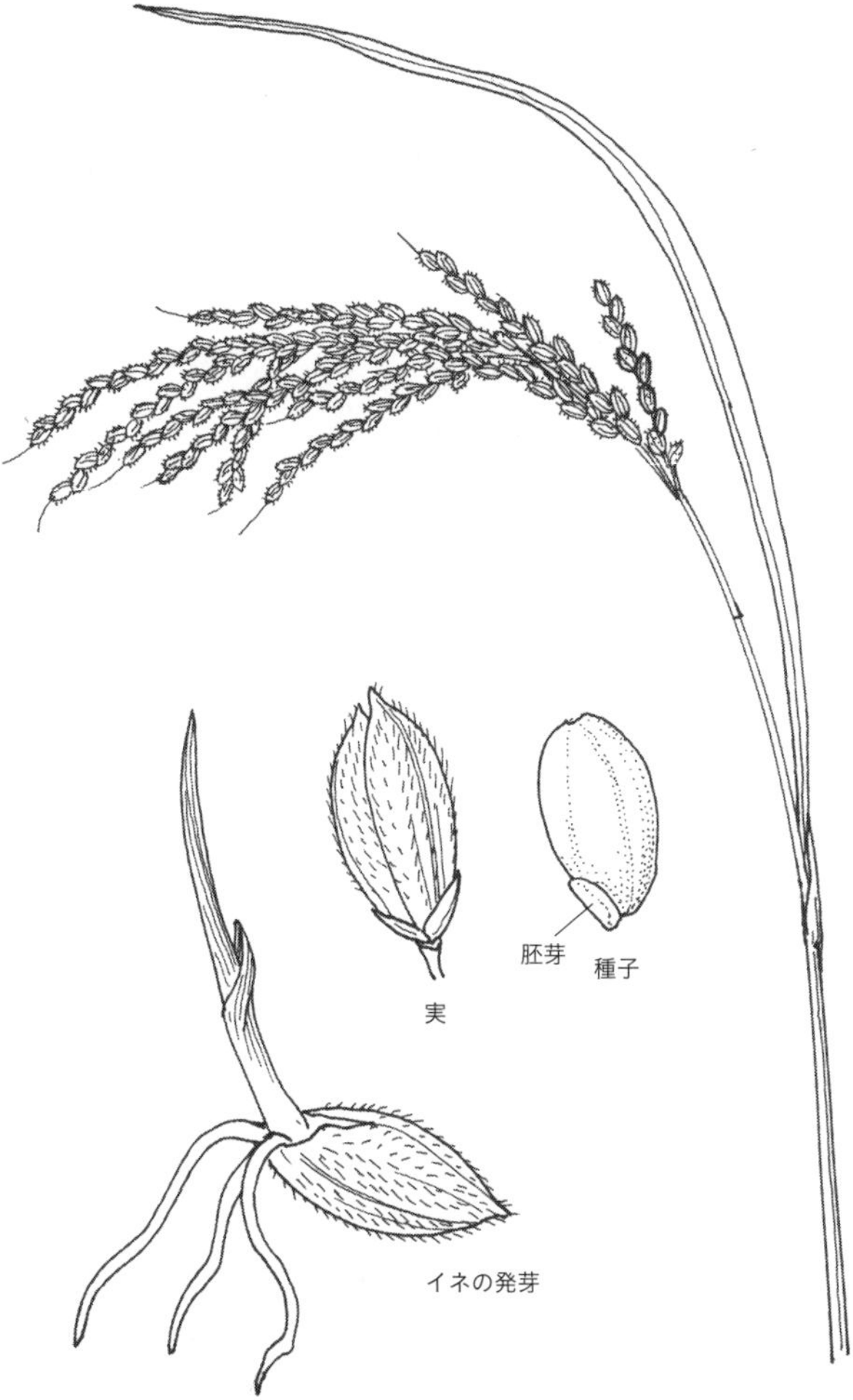
胚芽
種子
実
イネの発芽

芽のエネルギーを得ている。一方、私たち人間も、ご飯のでんぷんを消化酵素で糖に分解し、さらに糖を呼吸によって分解してエネルギーを獲得している。ご飯を食べると元気が出るのは、種子が発芽のエネルギーを作り出すのとまったく同じ仕組みなのである。

米には、私たちがふだん食べている「うるち米」と餅の原料となる「もち米」とがある。うるち米に比べて、もち米は白いのが特徴である。米のでんぷんには、ブドウ糖が一本鎖でつながった構造をしたアミロースと、ブドウ糖が枝分かれをしたアミロペクチンの二種類がある。うるち米はアミロースとアミロペクチンを含んでいる。アミロースは一本鎖で、並んで詰めることができる。このアミロースが詰まった構造を光が通るので、うるち米は透明に見えるのである。一方、もち米はアミロペクチンだけからできている。アミロペクチンは枝分かれをしているので、互いにからみ合う。そのため、アミロペクチンは粘り気がある餅となるのである。そして、からみ合ったアミロペクチンの間には、隙間《すきま》ができる。この隙間に光が乱反射するので、もち米は白く見えるのである。

白米は、胚芽を取り除いているので、芽を出すことはない。それでは、健康食として売られている玄米は、芽を出すだろうか。

玄米には、胚芽が残っているので、芽を出す。もっとも、籾の殻を取り除いているので、そのまま畑の土にまくと雑菌などに侵されやすい。皿に水を張って、玄米を入れておくと、玄米の発芽を見ることができるだろう。

玄米は水を吸収すると、発芽が始まる。芽を出すために、玄米はさまざまな栄養分を作り出していく。これが、栄養価が高いとされる発芽玄米である。

玄米の発芽では、面白い現象も観察できる。

植物の種子は先に根を出し、後から芽を出す。まずは根を張り、水や養分を吸収することが大切だからである。イネの種子も、根が先に出る。しかし、水を張って水の中に埋没していると、根よりも先に芽が出てくる。水の中の種子にとっては、水を吸うことよりも、酸素を吸うことの方が大切である。そのため、先に芽を出すのである。

コムギ

小麦……イネ科

なぜ粒の状態では食べないのか

コムギほど、世界で食べられている種子はないだろう。コムギの種子を挽《ひ》いた小麦粉は、さまざまな食べ物の材料となる。たとえば、パンは小麦粉から作られるし、日本では、うどんやお好み焼きが小麦粉から作られる料理だ。

イネの種子は「米」という粒で食べるのに対して、コムギの種子は粒で食べることはしない。パンもうどんもお好み焼きも、コムギを粉に挽いて小麦粉にして食べる。

どうしてコムギは粒で食べないのだろうか。

米は殻をむけば玄米を得ることができる。しかし、コムギの種子は皮がくっついていて皮をむくことができない。そのため、粉に挽いてから篩《ふるい》にかけて皮を取り除くのである。

イネやコムギはイネ科の植物である。草原で進化をしたイネ科植物は、草食動物に食べられないように、葉を硬く変化させた。また、葉の栄養価を下げることで、餌《えさ》として魅力がないように進化をしているのである。

人類もまた、草原で進化をしたといわれている。

しかし、硬くて栄養価の少ないイネ科の植物の葉は、人類の食糧とはならなかった。人類は火を使うこともできるが、イネ科植物の葉は、煮ても焼いても食べることができないのである。しかし、やがて人類は、イネ科植物を食糧にすることに成功する。イネやコムギ、トウモロコシなど、現在、人間が重要な食糧としている穀物は、すべてイネ科の植物の種子である。

野生のムギと、現在栽培されているムギとを比べた場合、人間にとって、もっとも重要な違いは何だろうか。それは、種子が熟しても落ちないということである。

野生のムギは、子孫を残すために、種子をばらまく。しかし、人間が利用する場合には、種子が落ちてしまうと収穫することができないのである。

熟した種子が落ちる性質を「脱粒性《だつりゅうせい》」という。野生の植物はすべて脱粒性がある。しかし、少ない確率で、種子の落ちない突然変異が起こることがある。人類は、この突然変異の株を見出《みいだ》したのである。

種子が熟しても地面に落ちないと自然界では子孫を残すことができない。そのため、種子が落ちない性質は、野生の植物にとっては致命的な欠陥だ。ところが、この性質は、人類にとっては、ものすごく価値のある性質である。種子が落ちずに残っていれば、収穫して食糧にすることができる。そして、その種子をまいて育てれば、種子の落ちない性質のムギを増やしていくことができるのである。

コムギのもともとの祖先は、ヒトツブコムギという植物であると考えられている。種子の落ちない非脱粒性のヒトツブコムギの株の発見。これこそが、人類の農業の始まりであり、人類の歴史にとって、革命的な出来事だったのである。

イネ科植物は、葉には栄養はないが、種子には豊富な栄養を蓄えている。さらには種子なので、保存も可能である。こうして人類は、イネ科植物を得ることによって、農耕を発達させ、ついには文明を発達させていくのである。

文明の発祥地には、必ず重要な栽培植物がある。

たとえば四大文明を見てみると、エジプト文明やメソポタミア文明の発祥地はムギ類の起源地である。また、インダス文明の発祥地はイネの起源地の近くであり、中国文明の発祥地はダイズの起源地である。

栽培植物があったから、文明が発達したのか、文明が発達したから、栽培植物が発達したのか、おそらくはその両面があるが、人間の文明の発達は、植物と無関係ではなかったのである。

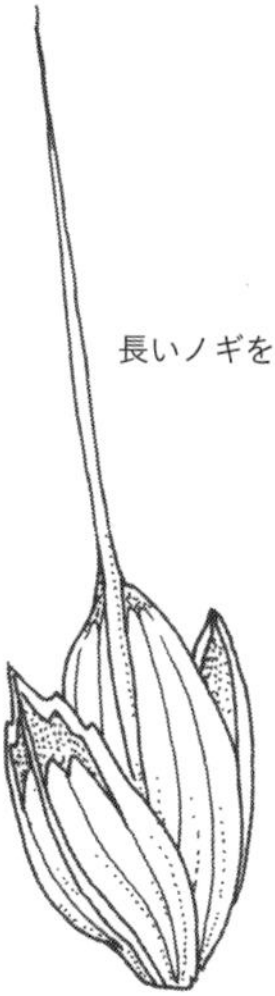

長いノギを持つ実

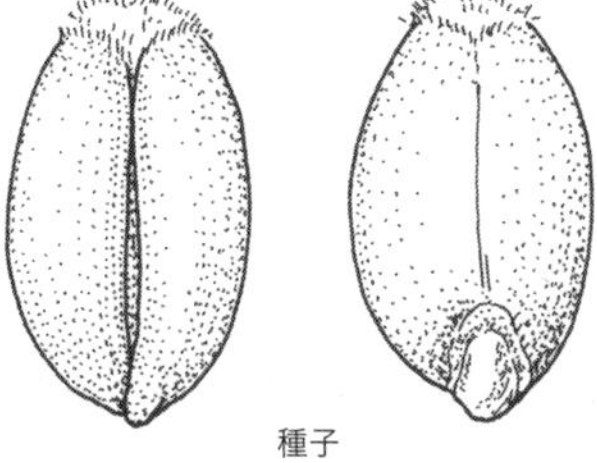

種子

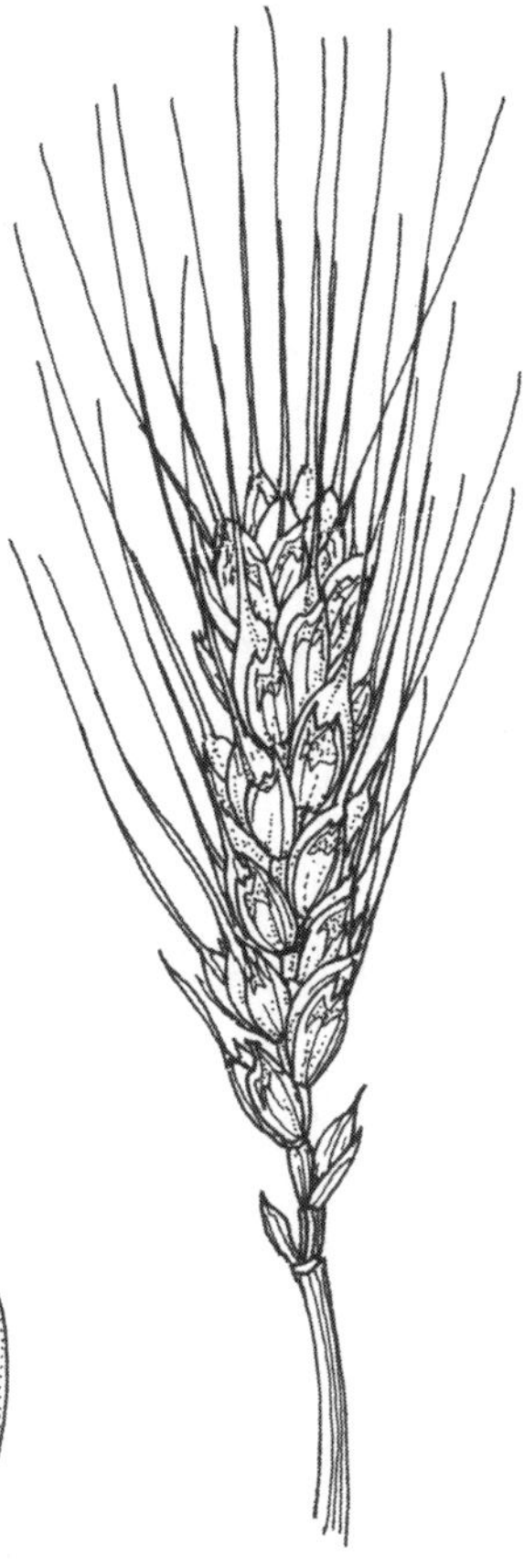

コムギの穂

オオムギ

大麦……イネ科

硬すぎる種子をどう食べる？

コムギは「小麦」と書く。これに対して「大麦《おおむぎ》」と呼ばれるムギもある。大麦と書くくらいだから、どれくらい大きいのかと思うが、実際にはオオムギは、コムギよりも穂が小さい。どうして小さいのに大麦と名づけられたのだろうか。

真相は謎だが、コムギはもともと「古牟岐」と表記していたのに対して、後から日本に伝えられた麦が、「小麦」の当て字に対して「大麦」と呼ばれるようになったという説や、粉にする技術が未熟だった時代には、食べやすいオオムギの方が重要という意味で「大麦」と名づけられたともいわれている。

食べやすいとされるオオムギだが、実際には、なかなかくせのある穀物である。

コムギの種子は、皮がむきにくかったために、粉に挽《ひ》いてから皮を取り除いた。同じように、オオムギの種子も皮がむきにくい。ところが、オオムギの種子には、さらに問題がある。オオムギの種子は、皮が硬すぎて、粉に挽くことさえできないのである。

それでは、オオムギの種子は、どのようにして食べればよいのだろうか。

オオムギの一つの食べ方は、焙煎《ばいせん》である。これを煮出したのが麦茶である。また、焙煎して皮をこがすと、粉に挽くことができる。これが「はったい粉」である。

他にも食べる方法はある。種子が硬いので、芽を出させるのである。どんなに皮が硬いといっても、植物が芽を出すときには、皮を破ってくる。こうして芽を出させたのが「麦芽《ばくが》」である。これを発酵《はっこう》させることによって、人類はビールを手に入れたのである。

しかし、コムギに比べると、オオムギはあまりに利用範囲が狭い。

そこで、種子の皮がむきやすい突然変異の株を選び出して作り出したのが、「はだか麦」と呼ばれるものである。

はだか麦は種子の皮がはがれやすいので、食べやすい。これを蒸して押しつぶしたのが、押し麦である。押し麦は、麦味噌や麦ご飯などに用いられる。ただし、はだか麦は皮がはがれやすい代わりに、寒さに弱いという欠点がある。なかなかうまくいかないものだ。

ところで、オオムギには、六条大麦と二条大麦という二種類がある。

六条大麦は、上から見たときに種子が六角形に並んでいる。一方、二条大麦は、種

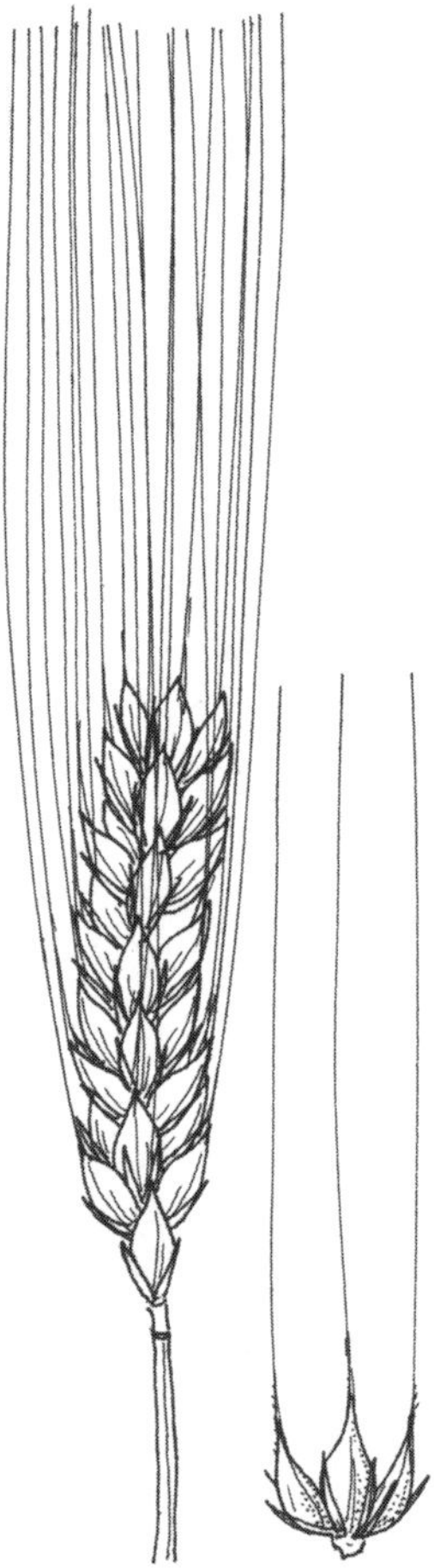

片側に3つの種子がつく六条大麦。
穂を上から見ると六角形に見える

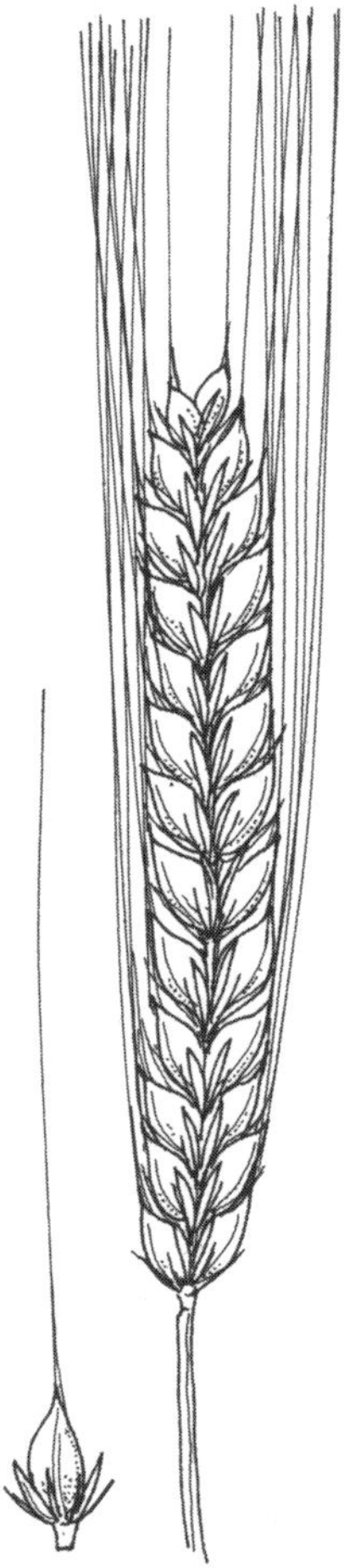

片側に種子は1つの二条大麦。種子
が2列に並んでいるように見える

子が二列に並んでいる。この六条大麦と二条大麦は、どちらが先で、どちらが後から進化したのか、長い間、謎とされてきたが、最近、二条大麦から六条大麦が発達したことが明らかとなった。一般的に、麦茶や押し麦として用いられるのは、六条大麦である。

しかし、二条大麦は二列しか並んでいないので、一粒の種子のサイズが大きくなる。そして、種子のでんぷん含量《がんりょう》が多いので、ビールの原料となる麦芽を作るのに適している。そのため、二条大麦はビール麦とも呼ばれている。

先述のはだか麦は、六条大麦の一種である。二条大麦にも皮がはがれやすい、はだか麦の系統はあるのだが、麦芽にする二条大麦では皮がはがれやすいことのメリットは小さい。そのため、わざわざはだか麦を育てることはしないのである。

クリ　栗……ブナ科

美味しい種子に襲いかかるゾウムシ

丸刈りにした頭は、「いがぐり頭」と呼ばれる。

いがぐりというのは、いがのついたままのクリのことである。丸刈り頭のちくちくした感じをクリのいがに見立てて、そう呼ばれているのである。

クリは鋭いトゲで、哺乳《ほにゅう》動物や鳥などの食害から守られている。このいがに守られているのが、クリの種子である。クリもまた、食べられる種子なのだ。

万葉集の柿本人麻呂《かきのもとのひとまろ》の和歌に「松がへりしひてあれやは三栗《みつぐり》の中のぼり来ぬ麻呂といふやつこ」というものがある。

それでは、この歌の中の「三栗」とは、どういう意味なのだろう。じつは、「三栗」は「中」にかかる枕詞《まくらことば》なのである。

クリのいがの中には三つのクリが入っている。このうち、両側のクリは丸みを帯びた形になるが、真ん中のクリは、両側のクリに押しつぶされて平べったい形になる。

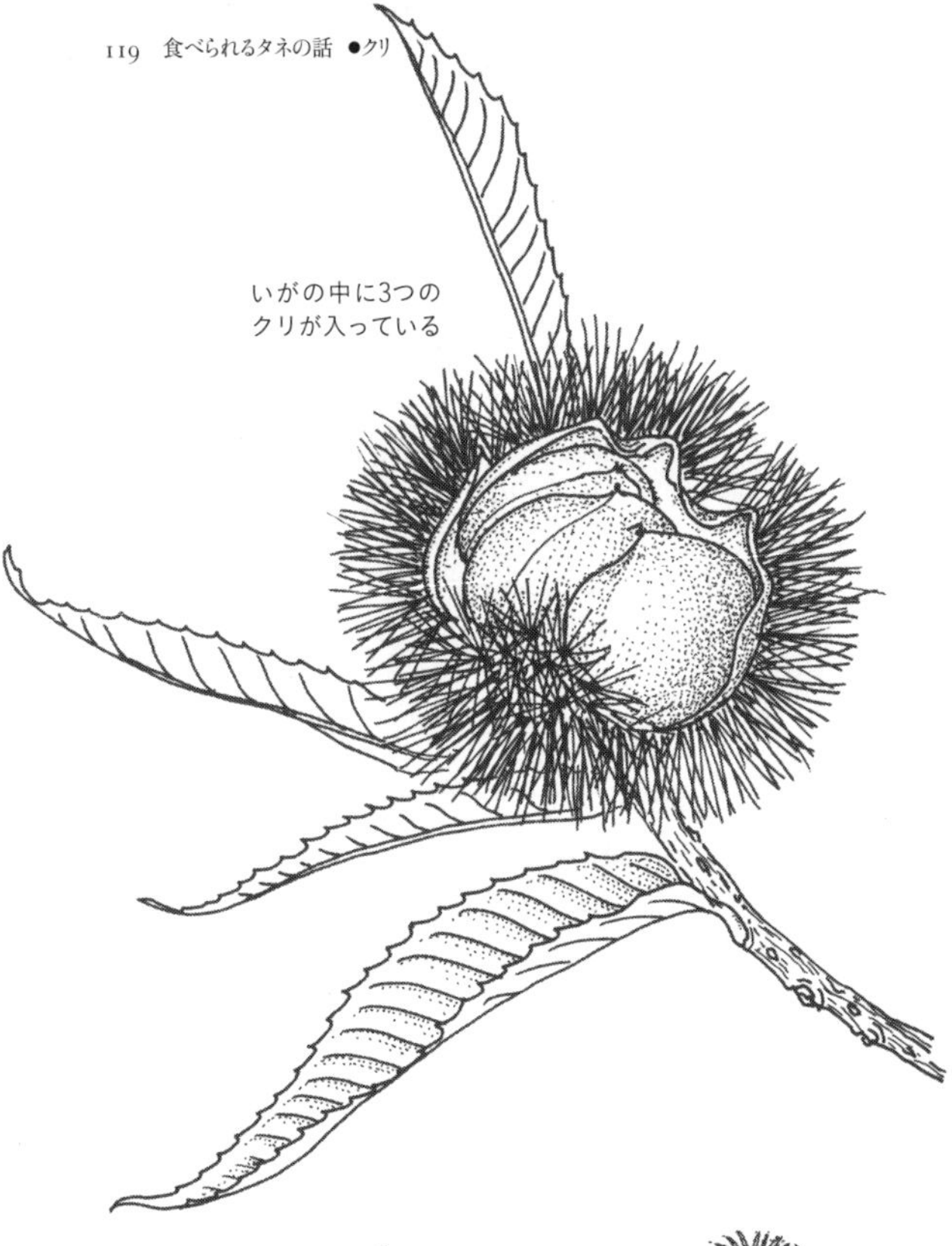
いがの中に3つの
クリが入っている

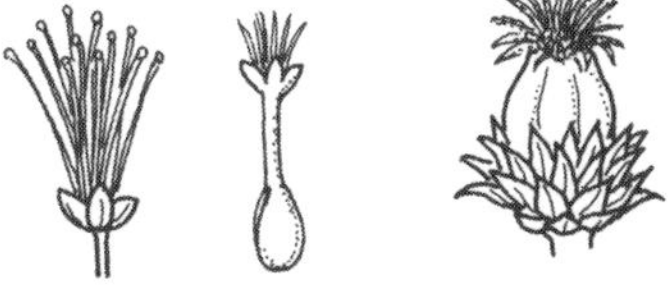
雄花
雌花
この中に3つの雌花が
入っている

この真ん中の平たいクリが「三栗の中」なのである。

クリの種子を見てみると、先端はとがっている。いががトゲトゲしているので、先端が「いが」になったようにも思うがそうではない。じつは、クリの種子の先端は、雌しべの跡である。

クリは硬い種子と、いがで動物の食害から守っている。しかし、このいがをものともせずに餌にしてしまう動物がいる。それが、クリシギゾウムシという小さな害虫である。ゾウムシは、その名のとおり、ゾウの鼻のように見える長い口を持っている。中でもクリシギゾウムシは、特に長い口を持っていて、クリのいがをものともせずに、実の中のクリの種子に穴を空ける。そして、今度は、長い産卵管を伸ばして種子の中に卵を産むのである。ときどき、買ってきたクリの中に、白いうじ虫のような虫が入っていてびっくりすることがあるが、これがクリシギゾウムシの幼虫なのである。

鋭いいがも、硬い種皮《しゅひ》も、進化を遂げたゾウムシの前では、まったく無力なのである。

・ソバ　蕎麦……タデ科

実と種子のさまざまな味わい方

ソバの実は三角形の形をしている。この形が「そばだっている」ことから、「そばだった麦」という意味で「そば麦」と呼ばれるようになった。それが、いつしか略されて単に「そば」と呼ばれるようになったのである。

ソバの説明は少しややこしい。なぜなら、植物も、実や粉など食材になるものも、打った麺の状態もすべて「そば」と呼ぶからだ。ここでは、植物はカタカナで「ソバ」、実や粉などの食材はひらがなで「そば」、料理として食べるものを漢字で「蕎麦」と書き分けることにしよう。

さて、ソバの実の中には、ソバの種子が入っている。これが玄《げん》そばと呼ばれるものである。ソバの種子の外側の硬い皮は鬼皮《おにかわ》と呼ばれる。この鬼皮をむいたものが「むき身」と呼ばれるものである。このむき身をすりおろしてそば粉にするのである。

昔は、むき身にせずに、玄そばのまま石臼《いしうす》で挽《ひ》いた。これが「挽きぐるみ」である。

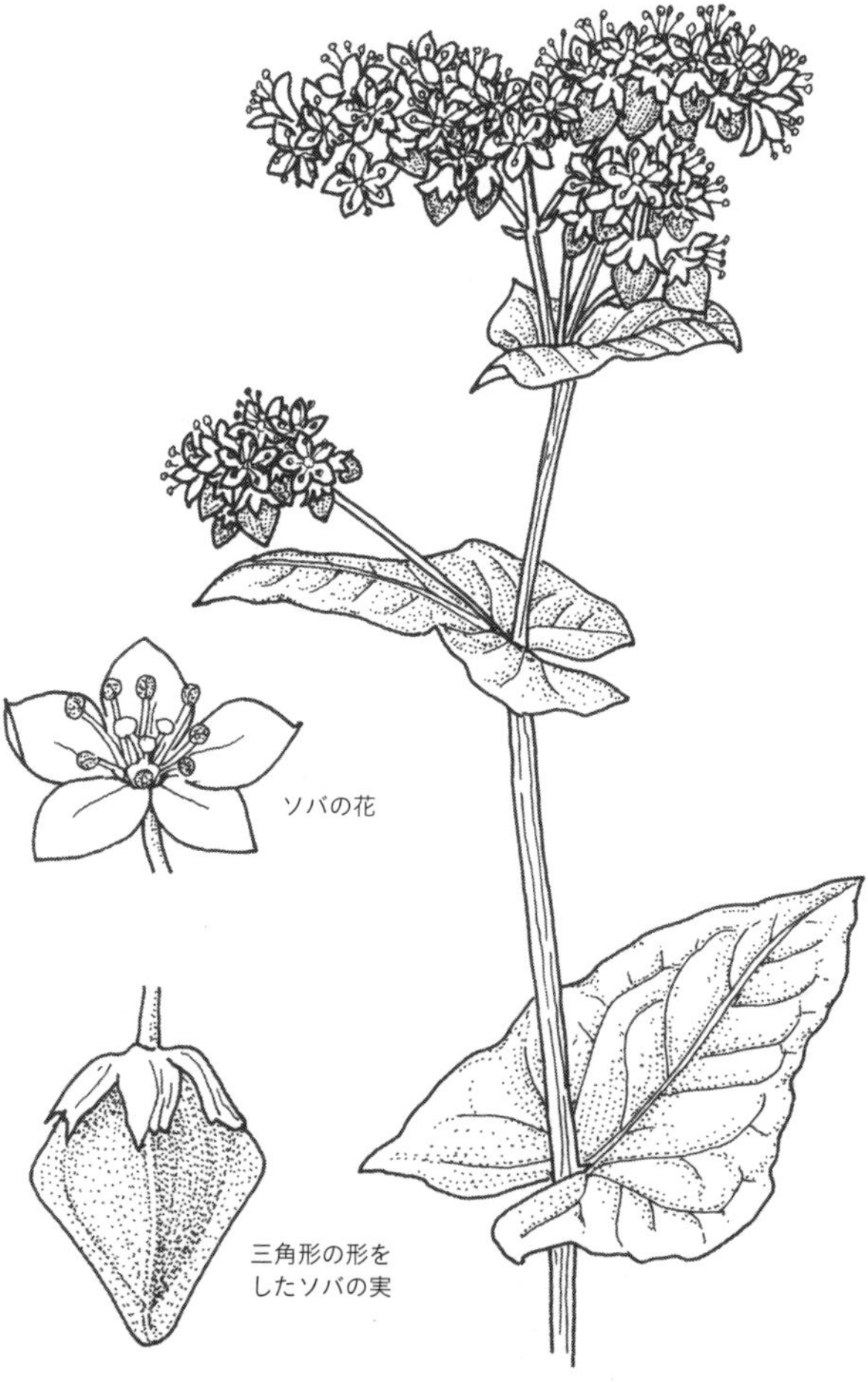
ソバの花
三角形の形を
したソバの実

そして、後から皮を取り除いたのである。そのため、鬼皮が少し残って黒っぽい麺となるし、ソバの種子全体を挽きおろしているので雑味の多い蕎麦となる。しかし、そばの香りがぷんぷんとするような野趣《やしゅ》のある味になるのである。これが俗に田舎《いなか》蕎麦と呼ばれるものである。

むき身にあるやわらかい皮は甘皮《あまかわ》と呼ばれている。そして、内側にはでんぷんが蓄積されているのである。一般的な蕎麦は、このむき身を挽いて作られる。ソバは外側に粘性《ねんせい》のあるたんぱく質のグルテンが含まれる。しかし、このグルテンが少なくなると、粘性が弱くなるため、内側の部分だけを使おうとすれば、麺にするためにつなぎが必要である。そのため、グルテンを含む小麦粉が使われるのである。そして、そば粉8に対して、小麦粉2の割合で打った蕎麦が二八《にはち》蕎麦なのである。

石臼で挽くと、やわらかなでんぷんが最初に粉となって挽き出てくる。これが一番粉と呼ばれるものだ。ソバの種子の中心部分なので、一番粉は、でんぷんだけが取り出されたものとなる。そのため、香りは少ないが、雑味のない甘味のあるそば粉となる。蕎麦の中でも、この一番粉だけで作られた高級な蕎麦が更科《さらしな》蕎麦である。更科蕎麦は麺が白いのが特徴だ。更科蕎麦は、雑味が少なく、喉《のど》ごしがいいが、香りに欠ける。そのため、抹茶やゴマ、ユズなど、さまざまなものを練り込んで楽しんだ。これが変わり蕎麦である。そして、次に粉挽きをすると二番粉、その次に三番粉が挽き出されるのである。

ソバの健康成分の代表的なものがルチンである。

ルチンは抗酸化機能を持ったポリフェノールである。ポリフェノールは、植物が体内に発生した活性酸素を除去する働きを持つ。このルチンが人間の体内でも、活性酸素を除去するので、ルチンを摂取することで、人間も肌の潤いが保たれたり、細胞の老化が抑制されたりするのである。

ルチンの効果はそれにとどまらない。ソバのルチンは、さらに毛細血管を強化して内出血を防ぐ働きがあり、また、血圧を下げる働きがあるため、蕎麦を食べていると脳溢血《のういっけつ》になりにくいとされている。

どうしてソバは、こんなにも人間の体にいい物質を持っているのだろうか。

植物は生きていくために、さまざまな物質を作り出すが、物質を作り出すには、それなりのコストがかかる。そのため植物は、一つの物質でさまざまな効果をあげるために、多機能な物質を作り出すのである。そして、そんな多機能な物質が、人間の体内に入ると、思いもかけない効果をもたらすことがあるのである。

抗酸化機能を持つルチンは、ソバの実や種子の外側に多い。活性酸素は、紫外線《しがいせん》や病原菌の攻撃によって細胞から発生する。ルチンはこの活性酸素を取り除く役割があるので、紫外線や病原菌の攻撃を受ける外側に多く準備されているのである。

そのため、ソバの種子の中心部のみを使う一番粉は、食味《しょくみ》は高いが、ルチンは少なくなる。そして、三番粉は食味や食感は劣るものの、甘皮の部分を含んでいるため、香りが強く、ルチンの含量《がんりょう》も多くなるのである。

最近では、ソバもスプラウトで食べられる。種子から発芽した芽生えは、紫外線や病原菌から身を守るために、ルチンなどのポリフェノールを大量に生産する。そのため、そば粉よりもルチンの量が多いのである。

豆と呼ばれるタネの話

ダイズ　大豆……マメ科

胚乳がないのに、どう発芽するのか

スーパーマーケットの食品売り場で売られている乾燥大豆は、ダイズの種子である。そのため、乾燥大豆をまけば、ダイズの芽が出てくる。

乾燥大豆を水に戻すと、膨《ふく》らむ。そのとき、真ん丸だったダイズは、横に長い楕円《だえん》形になる。この縦と横の比は、美しい比率として知られる黄金比になるというから、面白い。ただし、横に伸びるというのは、「へそ」と呼ばれる部分を豆の中心と考えてみたときである。しかし、植物の細胞は縦に伸びるので、実際には伸びた方向が成長する方向となる。

豆のへそは、豆がさやとつながっていたときの名残《なごり》である。このへそを通じて豆は親の植物体から栄養分をもらい、育まれてきたのだ。私たちのおへそが、胎児のときに母親のお腹の中でつながっていた名残であるのと同じである。

枝豆のさやをていねいに開いてみると、豆がへその部分でさやとつながっていることを観察することができる。枝豆は、実際には、まだ熟していないダイズの種子である。枝豆として美味しい枝豆用の品種があるが、実際には、枝豆とダイズは同じ植物なのだ。専門的には枝豆は「未成熟大豆」と呼ばれている。

それでは、縦に伸びたダイズの種子は、この後、どのような発芽をするのだろうか。その前に、もう一度、枝豆を観察してみることにしよう。

じつは、マメ科の植物の種子には、特徴がある。

植物の種子は、植物の基になる胚《はい》と呼ばれる赤ちゃんの部分と、胚の栄養分となる胚乳《はいにゅう》という赤ちゃんのミルクに相当する部分からできている。たとえば、106ページで紹介したように、イネの種子である米では、玄米についている胚芽《はいが》と呼ばれる胚と白米になる胚乳の部分とがあった。ところが、マメ科の種子には、この大切な胚乳がないのだ。

胚乳がないのに、どこから発芽のエネルギーを得ているのだろうか。

枝豆の豆の薄皮をむいていると、豆の部分が立体パズルのように二つに分かれる。じつは、この二つに分かれた部分は、双葉になる部分である。マメ科の種子の中には双葉がぎっしりと詰まっているのである。そして、マメ科の植物はこの厚みのある双葉の中に、発芽のための栄養分を貯めているのである。

米では、種子のほとんどの部分が胚乳で、植物の芽になる胚の部分は、小さい。し

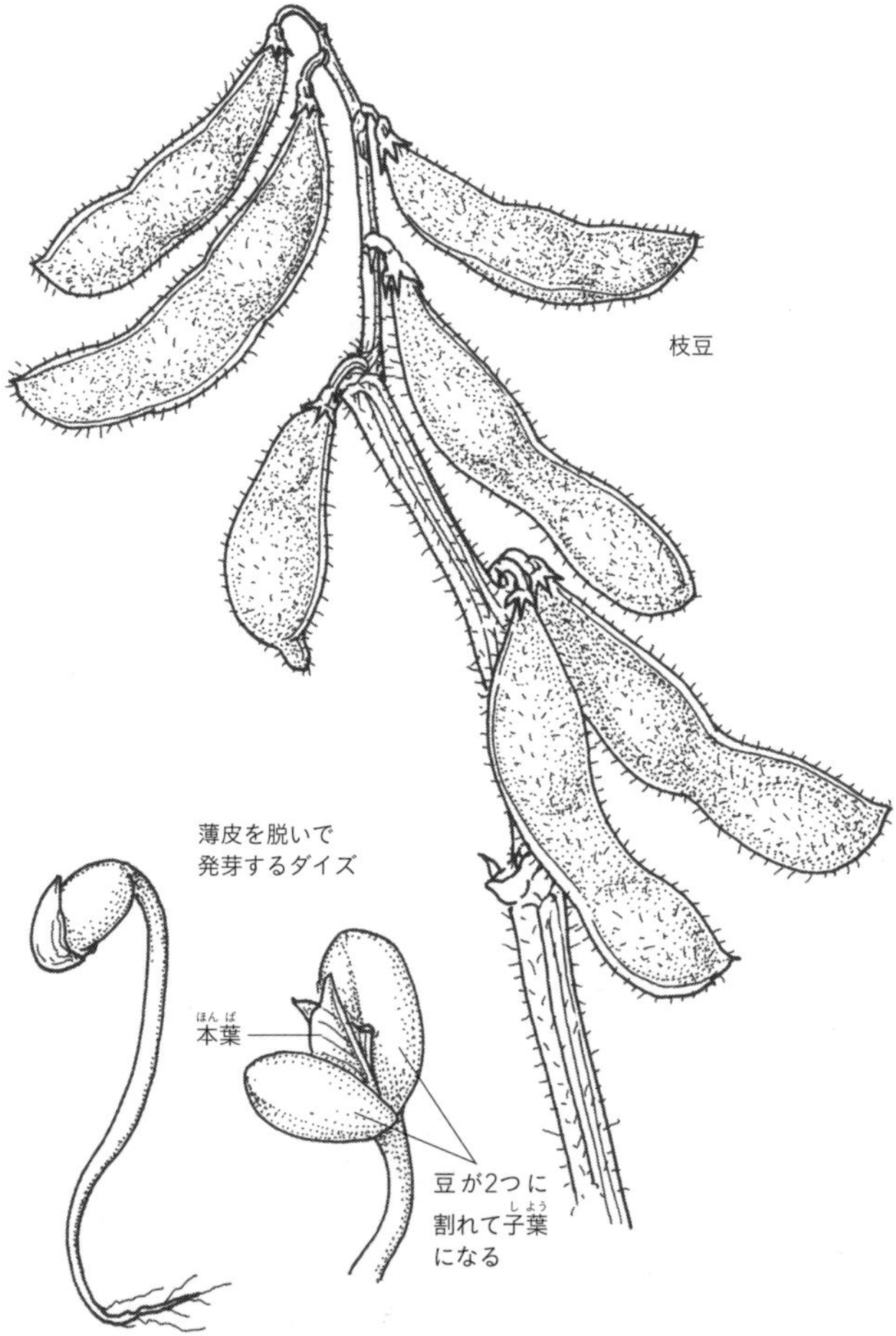
枝豆
薄皮を脱いで
発芽するダイズ
本葉《ほんば》
豆が2つに
割れて子葉《しよう》
になる

かし、少しでも芽生えの部分が大きい方が、芽が出た後は成長が早く有利である。そのため、マメ科の種子は、エネルギータンクを体内に内蔵し、限られた種子の中のスペースを有効に活用することで、芽生えを大きくしているのである。飛行機が胴体の輸送スペースを少しでも広げるために、燃料タンクを翼の中に内蔵しているのと同じである。

種子は、発芽のためのエネルギーをさまざまな形で蓄えている。イネの種子である米は、でんぷんを発芽の主なエネルギーとしている。これに対して、ダイズの種子である豆は、でんぷんだけでなく豊富なたんぱく質を蓄積している。大豆が「畑のお肉」と呼ばれるのはそのためである。そして、でんぷんを主成分とする米と、たんぱく質を多く含む大豆を組み合わせると、私たちの食事は栄養のバランスを取ることができる。たとえば、味噌はダイズから作られる。ご飯と味噌汁という日本型食生活の組み合わせは、イネとダイズの種子のエネルギー源の違いによって作られているのである。

ところで、ダイズの種子がたんぱく質を含むのには理由がある。マメ科の植物は窒《ちっ》素《そ》固定という特殊な能力によって、空気中の窒素を取り込むことができる。そのため、窒素分の少ない土でも育つことができるのである。しかし、種子から芽を出すときには、まだ窒素固定をすることができない。そのため、自活して窒素を固定するまでの間のために、種子の中にあらかじめ、窒素分であるたんぱく質を蓄えているのである。

アズキ　小豆……マメ科

種子をまいても双葉が出ないわけ

ダイズは「大豆」と書くが、小さい豆と書くと「小豆《あずき》」となる。

スーパーマーケットの食品売り場で売られている小豆は、アズキという植物の種子である。そのため、まけば芽を出させることができる。

ダイズの場合は、土にまけば、最初に双葉が出て、その後、本葉《ほんば》が出てくる。ところが、アズキの種子を土にまいても、双葉が出ない。そして、いきなり、本葉が最初に顔を出すのである。

それでは、アズキの双葉はどこにあるのだろうか。

じつは、アズキの双葉は土の中にあって、地上に出てこない。前項のダイズで見たように、マメ科の植物にとって、双葉はもはや発芽のためのエネルギータンクにすぎない。そうだとすれば、なにも地面の上に出さなくても、地面の下に置いておけばよいことになる。

むしろ、栄養価の高いマメ科の種子が不用意に地上に現れれば、鳥などに狙われてしまう。そのため、地面の下にエネルギータンクを隠しているのである。このように、子葉《しよう》を地面の下に置いたまま発芽するものを地下子葉型という。アズキの他にもエンドウやソラマメが地下子葉型の植物である。

ただし、良いことばかりではない。子葉が地面の下にあるので、本葉となる幼芽《ようが》が、自ら土を押しのけて、芽を出さなければならず、芽が傷つきやすくなってしまうのだ。

そのため、ダイズのように子葉で地面を押し上げながら、幼芽を守るものもある。これは地上子葉型と呼ばれている。ダイズの他にはインゲンが地上子葉型である。

地上子葉型も地下子葉型も、一長一短があるのだ。

小豆は赤い色が印象的である。この赤い色は、アントシアニンという色素で、抗菌活性や抗酸化活性などがある。大切な種子を守るための色素だ。

この赤い色には魔除《よ》けの効果があるとされて、小豆は神聖な食べ物とされてきた。

大豆が味噌や醤油《しょうゆ》、納豆など日常の食卓で活躍するのに対して、小豆は季節の行事に食べられることが多い。祝席の赤飯にも小豆は用いられるし、小正月の小豆粥《がゆ》、鏡開きのお汁粉、ひな祭りのぜんざいなど祝い事や厄除けなど、ハレの日の食べ物として利用されるのである。さらに、小豆からはあんこが作られ、春の桜餅や端午の節句の柏餅、春のお彼岸《ひがん》のおはぎや秋のお彼岸のぼた餅、お祝いの紅白饅頭《まんじゅう》など、ハレの日のお菓子としても活躍している。まさに日本人の文化になくてはならない豆といえるだろう。

ソラマメ

空豆……マメ科

さやの中が〝ふかふかのベッド〟である秘密

子どもたちに人気の絵本に『そらまめくんのベッド』（福音館書店）がある。

この物語の主役は、ソラマメである。そらまめくんは「くものようにふわふわで、わたのようにやわらかい」さやのベッドが自慢の宝物である。友だちのえだまめくんやグリーンピース兄弟は、そらまめくんのベッドをとてもうらやましがっているというお話だ。

ソラマメのさやの中を見ると、確かにやわらかい毛で覆《おお》われている。ソラマメは春に花を咲かせて、実をつける。まだ肌寒い時期に豆を守るために、やわらかく温かなベッドを用意しているのである。

もちろん、こんなにまで豆を大事にしているのは、それがソラマメの種子だからである。私たちが日頃食べているのは、ソラマメの未熟な種子なのだ。

塩ゆでにしたソラマメを食べるときに、少しだけ観察してみよう。

ソラマメには黒い口のような部分がある。ダイズなど、他の豆では、この部分は「へそ」と呼ばれているが、ソラマメでは「お歯黒」と呼ばれている。

明治時代以前の女性が歯を染めることを「お歯黒」という。そのお歯黒に似ていることから、そう呼ばれているのだ。ダイズのへそがそうであったように、ソラマメのお歯黒も、豆がさやとつながっていた名残《なごり》である。このお歯黒を通じて栄養分をもらい、豆は育まれてきたのだ。

ソラマメの芽生えを観察してみることにしよう。

ソラマメは、アズキ（前項）と同じように地下子葉《しよう》型なので、地面の下に子葉が残り、地上には本葉《ほんば》が現れる。地下に残った双葉からのエネルギーで最初に出た本葉は、まず自分の力で太陽の光を浴びてエネルギーを作り出さなければならない。この本葉から自活が始まるのである。ソラマメの本葉は、陽の光を真正面に受けようと、懸命に葉の位置を動かしている。ところが、太陽の光がもっとも多いはずの日中にはソラマメは本葉を上に立てて閉じてしまう。日中は太陽の光が強すぎて、かえって葉が傷んでしまうので、ソラマメはこうやって太陽の光をやり過ごそうとしているのである。

こんなに器用に葉を動かすことができるのには秘密がある。

葉の柄《え》の付け根の部分をさわってみると、少し膨《ふく》れている。これは葉枕《ようちん》と呼ばれている。この葉枕の細胞の水圧を変えることによって、葉の角度を調整しているのだ。

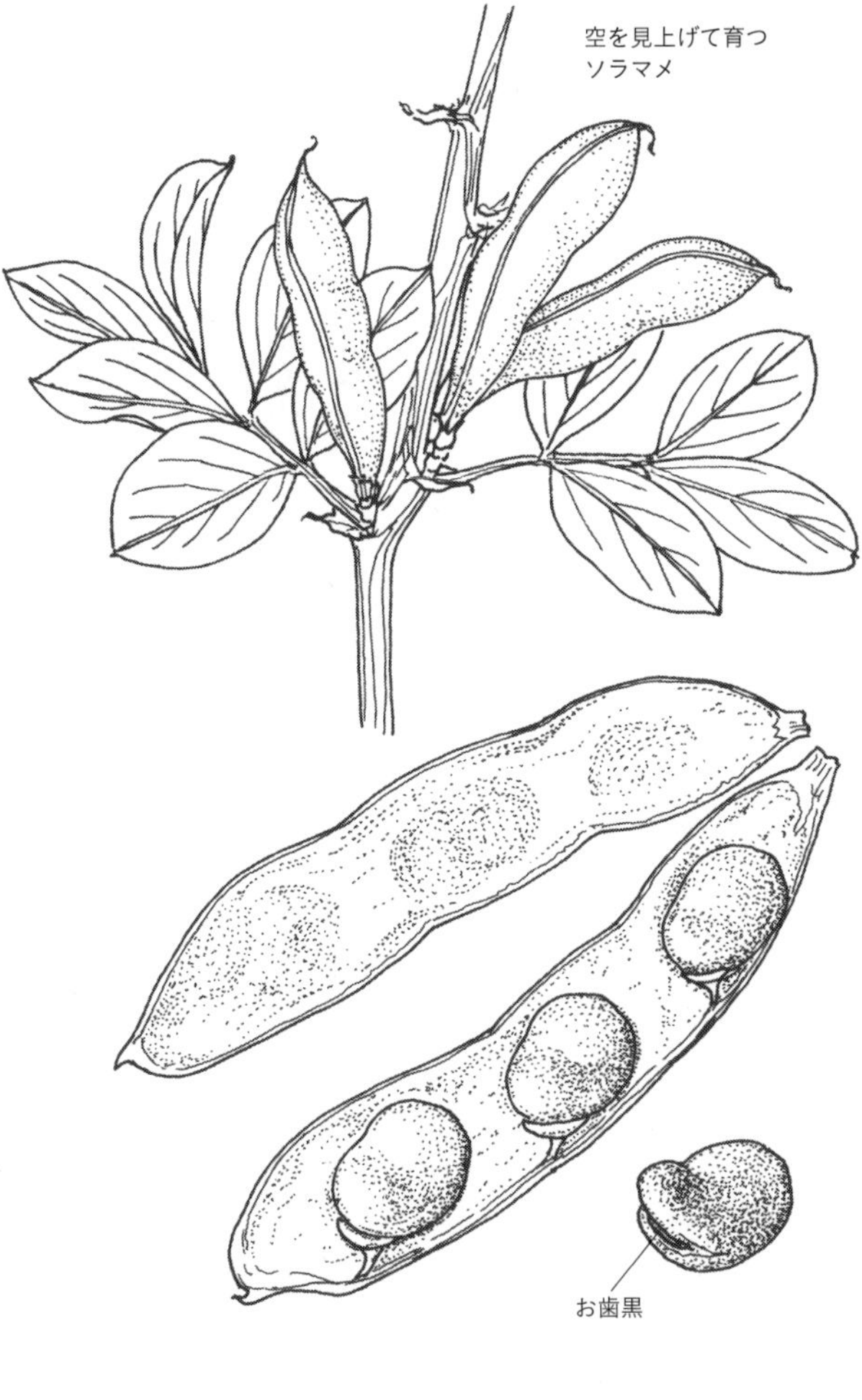
空を見上げて育つ
ソラマメ
お歯黒

油圧式ショベルは油圧によって機械を動かしているが、ソラマメは同じように水圧を利用して葉を動かしているのである。葉の運動はマメ科の植物に一般的に見られる。植物は動かないイメージがあるが、ソラマメは、本当はマメに葉を動かしているのである。

また、ソラマメは他のマメ科植物と異なり、茎が四角形であるのが特徴である。同じ面積であれば丸よりも四角の方が風など横からの力に対して強さを発揮する。ソラマメはエンドウのように支柱で体を支えるのではなく、自らの力で立つ道を選んだのである。

・アーモンド　バラ科

私たちは果実の中の種を食べている

英語では、日本語の「豆」に当たる言葉はない。エンドウは「ピー」、ダイズやソラマメなどの豆は「ビーン」と呼び分ける。

また、日本語では、アーモンドやカシューなども「豆」と呼ばれる。しかし、英語では、これらの豆は「ナッツ」と呼ばれる。ナッツはマメ科の植物ではなく、木になる果実の種子である。

アーモンドは、日本語では「扁桃《へんとう》」と呼ぶ。古来、「桃」は果実の代表であった。サクラの木になる実は桜桃《おうとう》であるし、胡《こ》の国（古代中国で、北方や西方の異民族の住む地域）から来た桃が胡桃《くるみ》である。

アーモンドは平たい形から、「扁桃」となった。風邪のときに腫《は》れる扁桃腺は、アーモンドの実に似ていることから名づけられている。

アーモンドはマメ科ではなく、バラ科サクラ属の植物である。アーモンドはサクラと同じ仲間の植物なのだ。

アーモンド畑も、まるでサクラのような美しい花を咲かせる。バラ科サクラ属の中には、果物が多く、リンゴやモモ、サクランボもバラ科の植物である。

アーモンドが花を咲かせた後には、実がつくが、アーモンドの実は薄くて食用にはならない。ところが、実の中にはモモと同じような硬い核がある。そして、この中に種子があるのである。これが、私たちが食べるアーモンドである。

アーモンドは、もともとモモと同一の祖先種から分かれたといわれている。地殻変動によって隆起《りゅうき》した中央アジアの山脈によって、湿潤な東アジアと乾燥した西アジアが作られた。そして、東アジアではモモが進化し、西アジアではアーモンドが進化したのである。モモとアーモンドは兄弟のような存在なのだ。

アーモンドは、旧約聖書にはイチジクとともに記されているというから、相当に古い果実である。

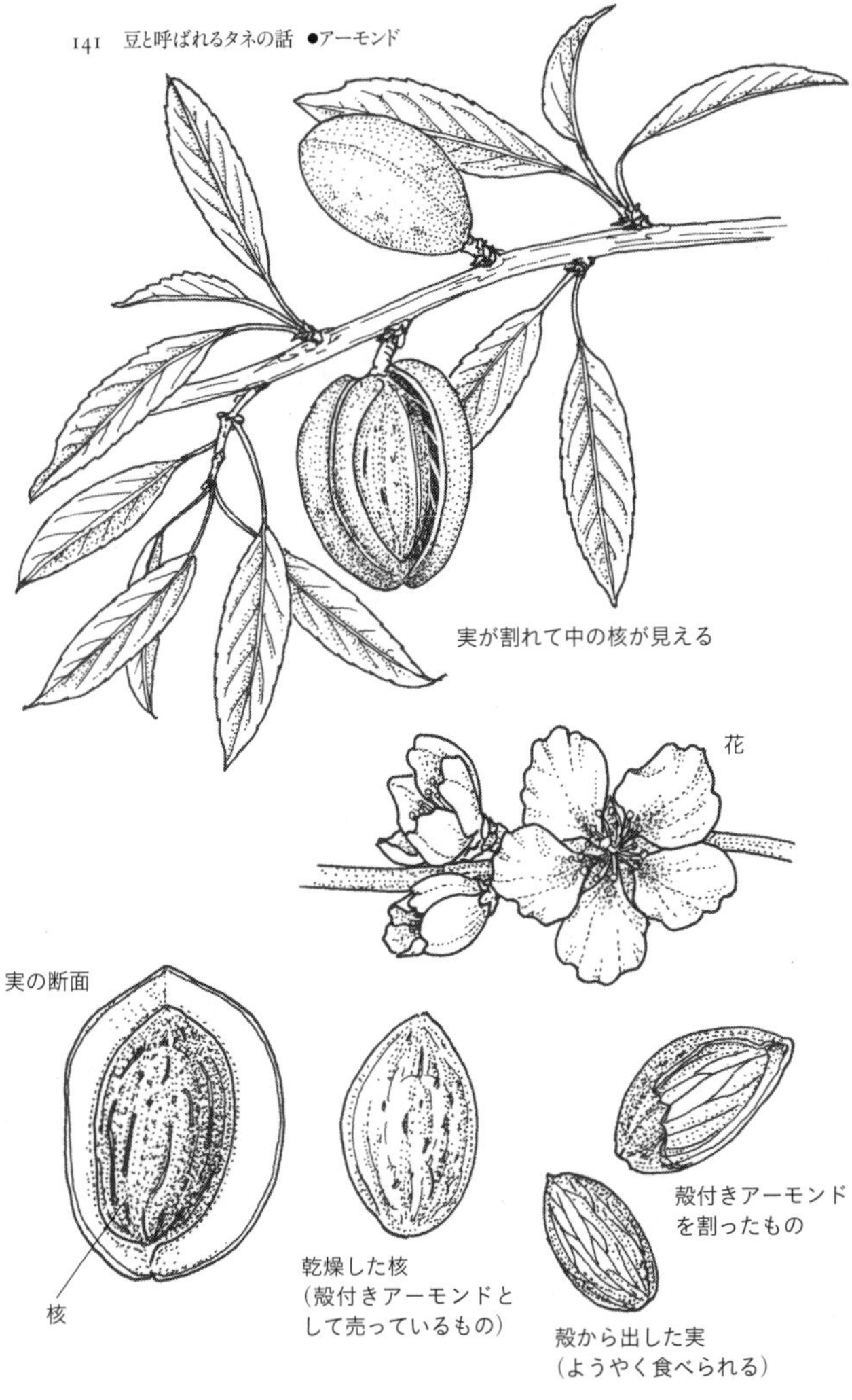
実が割れて中の核が見える
花
実の断面
核
乾燥した核
(殻付きアーモンドとして売っているもの)
殻付きアーモンドを割ったもの
殻から出した実
(ようやく食べられる)

コーヒー

珈琲……アカネ科コーヒーノキの種子

コーヒー豆の苦味の秘密

コーヒーは「コーヒー豆」から作られる。

ただし、豆とはいっても、ダイズやエンドウなどさやの中にできるマメ科の植物とは異なる。コーヒー豆もまた、木になる実の中にある種子なのである。ただし、その形が豆に似ていることから、コーヒー豆と呼ばれている。

コーヒー豆は、アカネ科のコーヒーノキと呼ばれる植物の種子である。コーヒーノキも、一般の植物と同じように、実の中に種子が入っている。コーヒーの実は、真っ赤な色をしていて、まるで、サクランボのようなので、コーヒーチェリーと呼ばれている。コーヒーの実が赤いのは、赤い色を認識する鳥に食べてもらうためである。そのため、コーヒーの実は食べると甘い味がする。

ところが、コーヒー豆から作るコーヒーは苦い味がする。コーヒー豆は大切な種子なので、食べられるわけにはいかない。そのため、苦味物質や抗菌物質で身を守って

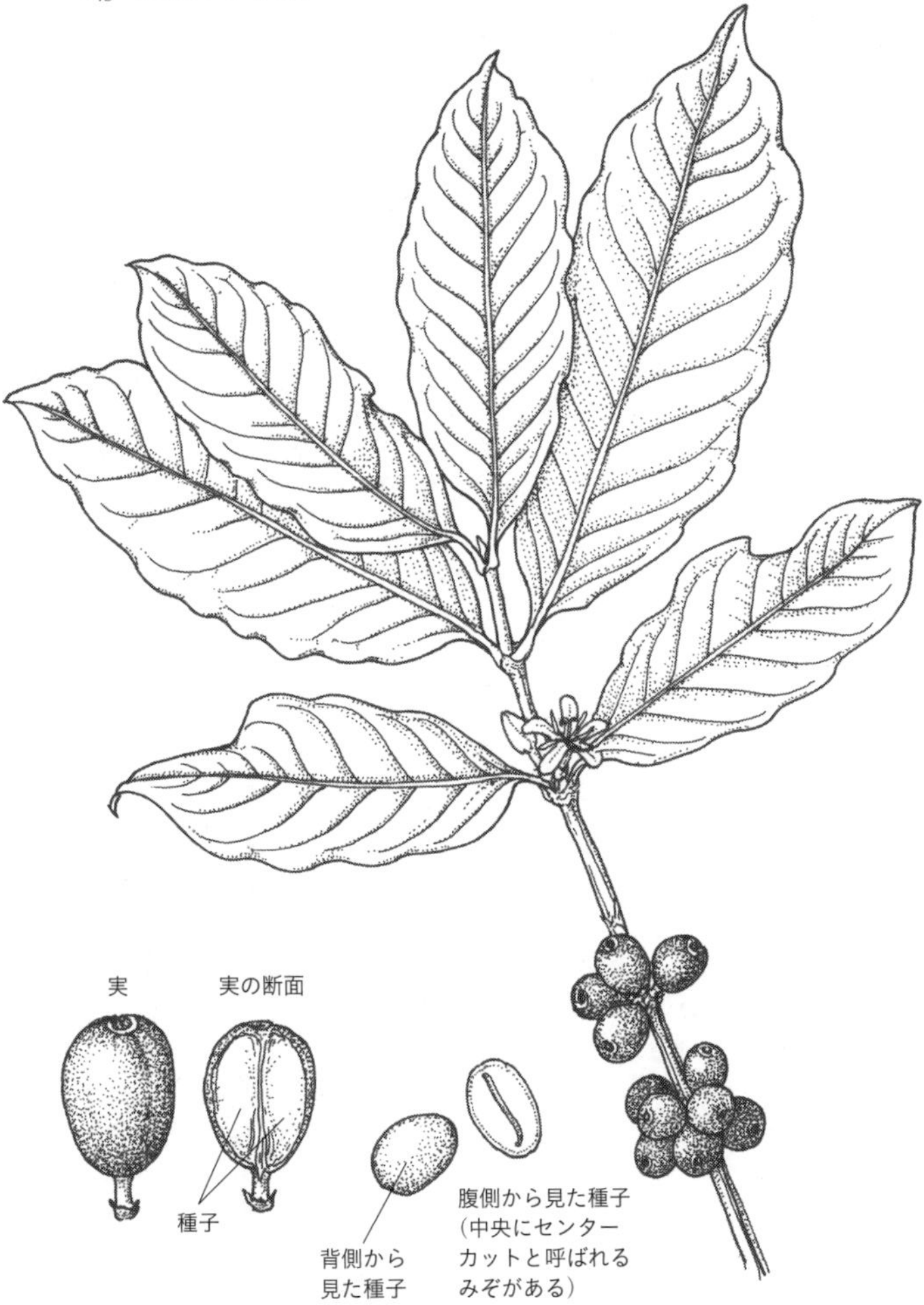
実
実の断面
種子
背側から
見た種子
腹側から見た種子
(中央にセンター
カットと呼ばれる
みぞがある)

いるのである。

コーヒーでなく、ココアが好きだという人もいるかもしれない。ココアやチョコレートの原料となるカカオ豆も、コーヒー豆と同じく、木の実の種である。

コーヒー豆とカカオ豆は、身を守るために、同じ物質を持っている。それが、カフェインである。カフェインは、アルカロイドという毒性物質の一種で、植物が昆虫や動物の食害を防ぐための忌避《きひ》物質である。このカフェインの化学構造は、ニコチンやモルヒネとよく似ていて、同じように神経を興奮させる作用がある。コーヒーを飲むと眠気が覚めて、頭がすっきりするのはそのためなのである。

コーヒーを飲むと、トイレが近くなってしまう。それは、人体がカフェインを解毒《げどく》して、尿と一緒に体外に出そうとしているのである。

・ラッカセイ　落花生……マメ科・

なぜ、さやを土の中にもぐり込ませるのか

ラッカセイは英語で「ピーナッツ」という。

これはエンドウを意味するピーと、アーモンドやカシューナッツなど木になる豆を意味するナッツからできた名前である。

ただし、ピーナッツは実際には木の実ではなく、エンドウと同じマメ科の植物である。しかし、硬くてナッツ類によく似た食感なので、豆のナッツ（ピー・ナッツ）と呼ばれているのだ。

ラッカセイはマメの仲間だが、そのさやは他のマメのように地上には実らない。ラッカセイは花が咲き終わった後、花のついた柄《え》が伸びて土の中にもぐり込んでしまう。そして、まるで芋のように土の中で育つのである。つまり、花が落ちてできるから「落花生」なのだ。

ラッカセイの豆は種子なので、ゆでたり炒《い》ったりしていないラッカセイであれば、

まいて芽を出させることもできる。家庭で栽培すれば、ラッカセイの花の柄が土を求めて伸びていく奇妙な行動を観察することができるだろう。それにしても、わざわざ土の中に種を作るのだからラッカセイは不思議な豆だ。

どんな植物も、分布を広げるために種子を遠くへ散布しようとさまざまな工夫をしている。ところが、ラッカセイのように種子を土の中に作ってしまっては、いつまでたっても分布を広げることができない。じつはラッカセイは、巧妙な方法で種を散布する。

ラッカセイの原産地はアンデス山脈のふもとの乾燥地帯で、ときどきまとまった大雨が降る。その大雨が濁流《だくりゅう》となり土をえぐってラッカセイのさやを流してくれるのだ。ラッカセイのさやは皮が硬く、水に浮かんで流れやすい。ラッカセイは野生状態ではこうして分布を広げていたのではないかと考えられている。

ラッカセイには乾燥した大地を生き抜く秘密がある。ラッカセイの葉には水を蓄えるための水がめの役割をする貯水細胞が備わっているのだ。野菜となった今でも、ラッカセイは水の少ない砂地や火山灰土壌《どじょう》が栽培に適している。

苦労してさやを土の中にもぐり込ませる理由は、種子である大切な豆を灼熱《しゃくねつ》の太陽から守るためでもあるのだろう。ラッカセイのさやは硬く乾いた殻で種子を守っているのだ。ラッカセイの殻をよく見ると、しわしわの模様が浮き出ている。じつはこれ

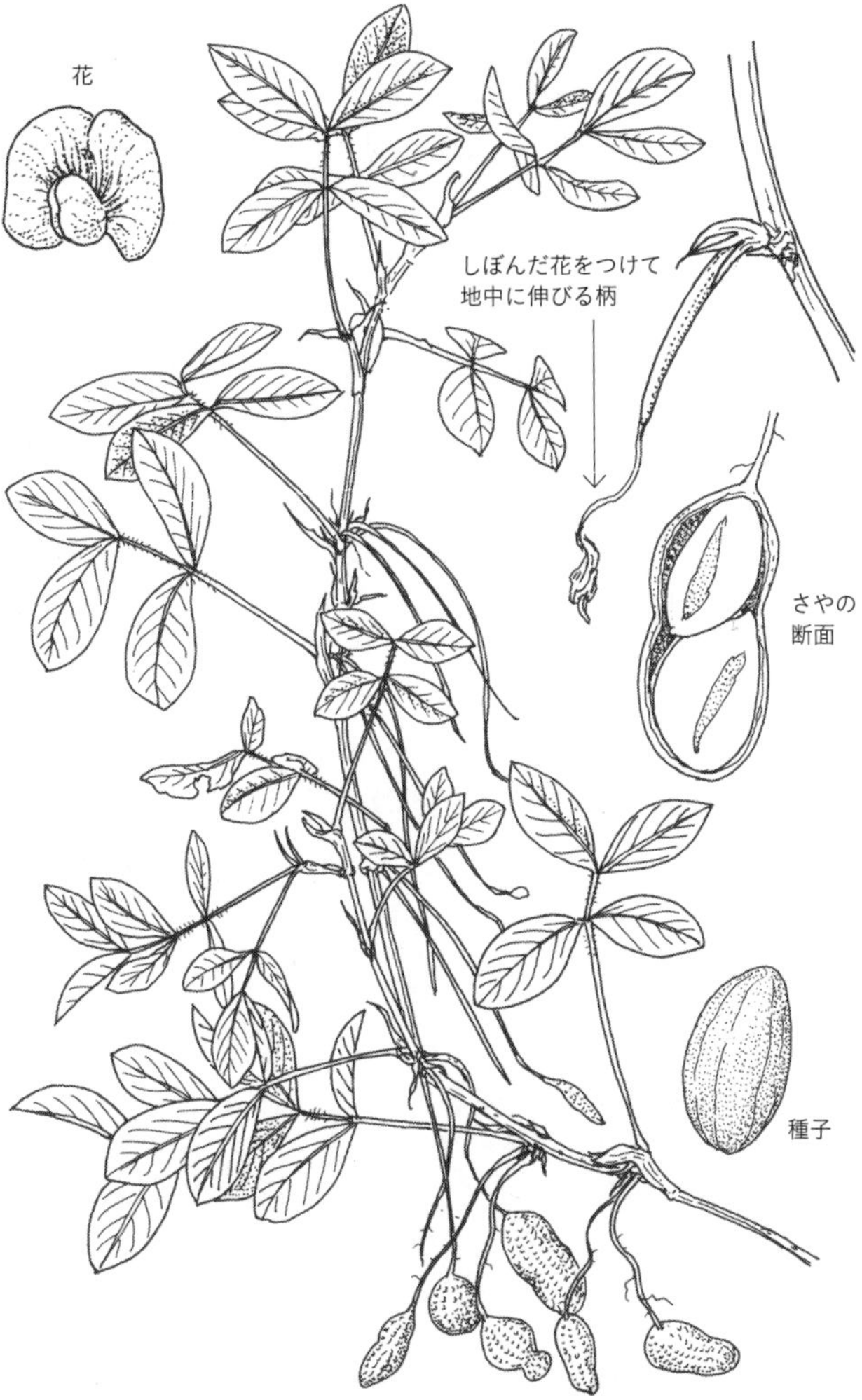
花
しぼんだ花をつけて
地中に伸びる柄
さやの
断面
種子

が豆に水や栄養分を送るための管《くだ》だったのである。ラッカセイの豆をよく見ると、少し出っ張った部分がある。ここがラッカセイの芽生えの芽と根になる部分である。そして二つに分かれる豆の部分は芽生えの双葉になる部分である。

芽生えで食べられるタネの話

モヤシ　萌やし

もう〝もやしっ子〟とは呼べない

モヤシは、植物の名前ではない。

モヤシは「萌やし」の意味である。つまり、植物の種類にかかわらず、種子から芽生えて「萌やしたもの」が「モヤシ」なのである。

一般にモヤシという名前で売られているものは、リョクトウ（緑豆）やダイズ（大豆）などの豆類を発芽させたモヤシである。中でも、多く食べられているのが、リョクトウのモヤシだろう。

リョクトウは、日本ではなじみのない野菜だが、中国では春雨《はるさめ》の原料になる豆である。

色白で、ひ弱な子どもは「もやしっ子」と揶揄《やゆ》される。しかし、モヤシはけっして弱々しいわけではない。

モヤシを見ると、先端は双葉を広げることなく、長く茎を伸ばしている。モヤシは、

スーパーで買った一袋の中で
見つけたさまざまなモヤシ

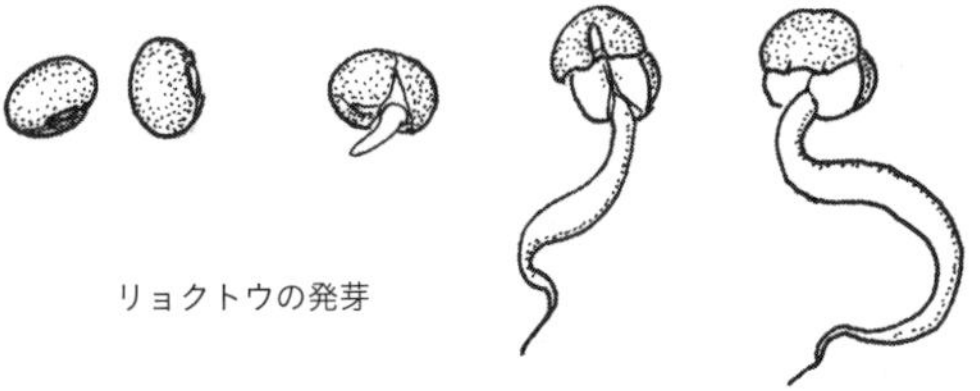

リョクトウの発芽

光を与えずに暗いところで育てる。そのため、モヤシは土の中を伸びていると勘違いして、葉を広げずに茎を伸ばしていくのである。

また、モヤシは頭を下げるように、双葉の部分を垂らした形をしている。この形には、意味がある。じつは、これこそが、土の中の芽生えの姿なのである。

地上で伸びるように、まっすぐに伸びようとすれば、大切な芽の先が土や石で傷ついてしまう。そのため、大切な芽の先を守るように、湾曲《わんきょく》させた茎で押し上げるように成長していくのである。そして、芽生えは、背中の部分に当たる茎の部分で、土や小石を押しのけながら伸びていく。

人間でも、おしくらまんじゅうをするときには、丸めた背中で押し合う。また、満員電車に乗るときには、頭から突っ込むようなことはせずに、丸めた背中から人と人の間へと割り込んでいく。モヤシの形は、まさにこれと同じなのだ。

モヤシは傷みやすい野菜として知られているが、それは、モヤシが成長し続けているからである。根っこを切られ、袋に詰められて、冷蔵庫の中に入れられても、モヤシは光を求めて成長を続ける。モヤシの生きるパワーはものすごいのである。

三国志時代の天才軍師として知られる諸葛亮孔明《しょかつりょうこうめい》は、リョクトウのモヤシを行軍の食糧としていたという。

モヤシは、栄養が豊富である。

豆類は、発芽のために豊富なたんぱく質などの栄養分を体内に蓄えている。それなのに、どうして手間をかけて、わざわざモヤシを作るのだろうか。

じつは、モヤシには豆類にない栄養分が、たくさん蓄えられている。

豆類は、種子から芽生えていく過程で、蓄えてきたたんぱく質や、でんぷん、脂質などの栄養分を分解して、植物として生きていくためのさまざまな成分を作り出す。そのため、モヤシにはビタミン類やアミノ酸など、豆には含まれなかった栄養素が作り出されるのである。まさに、モヤシは生きていくための栄養分とパワーに満ちあふれているのである。

もはや、誰がもやしっ子扱いできるだろうか。

貝割れ大根

ダイコン（アブラナ科）の芽生え

貝割れの茎はダイコンに成長すると、どうなる？

スプラウトとして売られている貝割れ大根は、ダイコンの芽生えである。開いた双葉の形が貝に似ていることから「貝割れ」と呼ばれているのである。貝割れ大根は、二枚の双葉の大きさが異なる。種子の中にあるときに、一枚の子葉《しよう》が、もう一枚の子葉をくるんでいる。そのため、くるんでいた外側の子葉の方が大きくなるのである。

この貝割れ大根が大きく育つと、私たちが食べるダイコンになる。

ところが、不思議なことがある。貝割れ大根を見てみると、根と葉の間に長く伸びた茎の部分がある。それなのに、私たちが食べるダイコンには、こんなに長く伸びた茎は見られない。

双葉の下にある茎は、種子の中に準備されていた茎である。この種子の中にあった茎は「胚軸《はいじく》」と呼ばれている。この胚軸の部分は、ダイコンに成長するといったいど

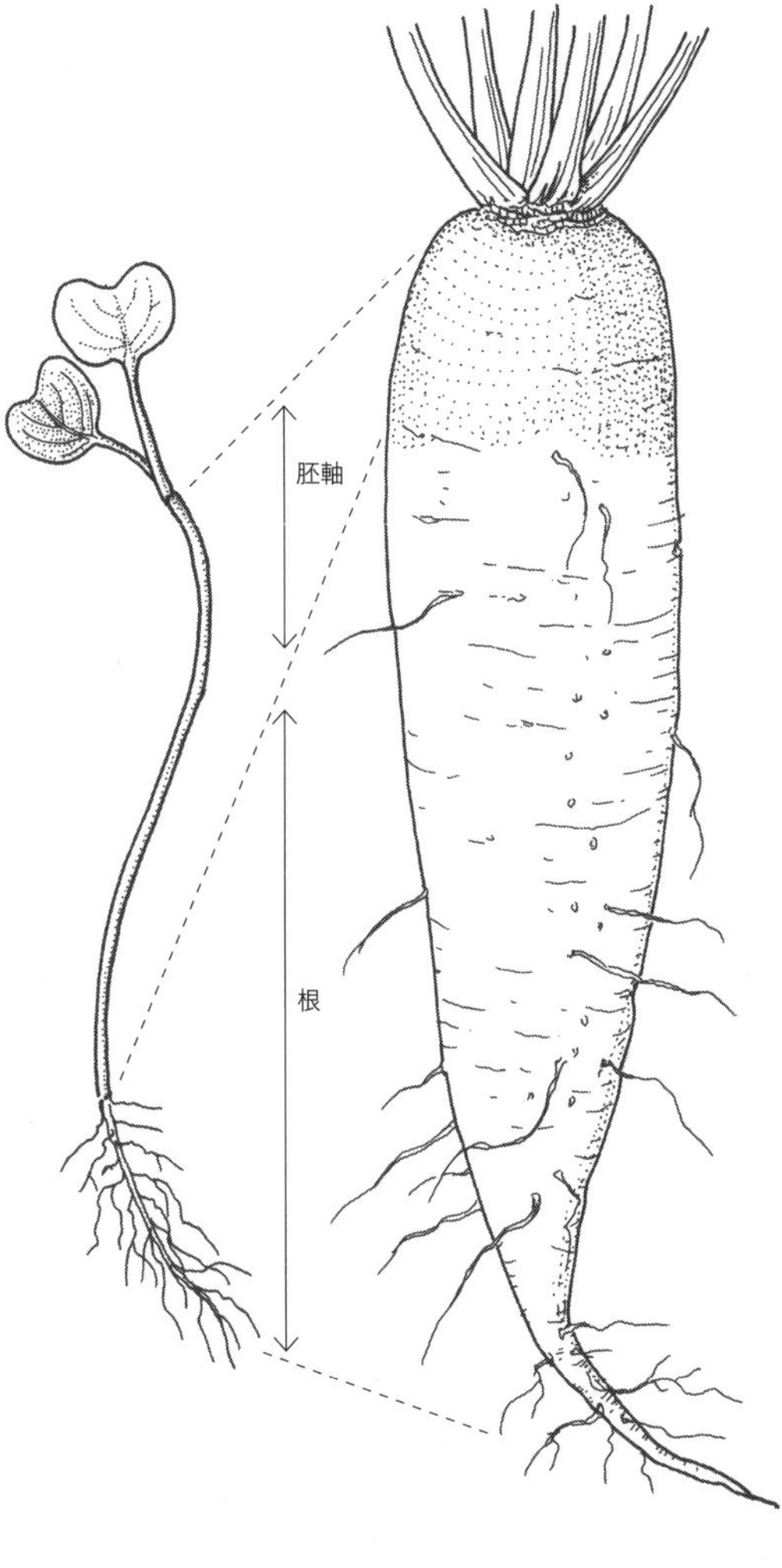
胚軸
根

うなってしまうのだろうか。

今度は、貝割れ大根が大きくなったダイコンの方を見てみることにしよう。

ダイコンは「大根」と書くくらいだから、根が太っていると思えるが、話はそんなに単純ではない。

じつは、ダイコンは根だけでなく、胚軸も伸びているのである。

ダイコンをよく見ると、下の方には細かい根がついていたり、根のついていた跡に穴が空いていたりする。この下の部分は根が太ってできたものである。ところが、ダイコンの上の方は、根の跡がなく、すべすべしている。この上の部分は、根ではなく胚軸が太ってできているのである。

そういえば、畑で見ると、ダイコンの上の方は土の上にはみ出して生えている。しかし考えてみれば、上の部分はもともと茎なのだから、地上に出ていてもおかしくないのである。

ダイコンは茎をほとんど伸ばさずに、葉を次々と出していく。ダイコンの葉っぱをすべてむしると、葉の付け根部分が残る。じつは、これが、ダイコンの茎なのである。そして、花を咲かせる時期になると、ダイコンはこの茎を伸ばすのである。

ダイコンの上と下では、植物の部位が違うので、味も異なる。

胚軸は、根で吸収した水分を地上に送り、地上で作られた糖分などの栄養分を根っこに送る役割をしている。そのため、胚軸の部分は水分が多く、甘いのが特徴である。

ダイコンの胚軸の部分のみずみずしさを活かすならばサラダに最適であるし、甘くてやわらかい特徴を活かせば、ふろふき大根などの煮物にぴったりである。

一方、ダイコンの根の部分は、辛いのが特徴である。根っこは、地上で作られた栄養分を蓄積する場所である。しかし、せっかく蓄えた栄養分を虫や哺乳《ほにゅう》動物に食べられてはいけないため、辛味成分で守っているのである。

ダイコンは下になるほど辛味が増していく。ダイコンの一番上の部分と、一番下の部分を比較すると、下の方が一〇倍も辛味成分が多い。そのため、ダイコンの下の部分は、味噌おでんやぶり大根など、濃い味つけをする料理に向いている。

辛い大根おろしが好きな人には、ダイコンの下の方が適している。逆に、辛いのが苦手な人は、上の部分を使うと辛味の少ない大根おろしを作ることができる。

油を取るタネの話

トウモロコシ　玉蜀黍……イネ科

黄色い粒と白い粒は、なぜ三対一なのか

トウモロコシの粒は、種子である。

私たちが食べるスイートコーンは、まだやわらかい未熟な種子を食用にするのである。

トウモロコシについたもじゃもじゃしたひげの数と、トウモロコシの粒の数は同じであるといわれている。トウモロコシの実のひげは、トウモロコシの雌花の雌しべである。

トウモロコシには雄花と雌花がある。

茎の先端について穂を広げているのが雄花だ。トウモロコシは花粉を風で飛ばすので、少しでも遠くへ花粉を飛ばすために高いところに雄花がついているのである。

一方、私たちが食べるトウモロコシは雌花にできる。雌花は茎の中段にある葉の付け根についていて、絹糸《けんし》というたくさんの糸のようなものをつけている。この絹糸が

大きな雄しべを
持つ雄花
雄花
長い糸のような
雌しべを持つ雌花
雌花

非常に美しかったので、トウモロコシが新大陸からヨーロッパに伝えられた当初は観賞用植物としても利用されていたという。この美しい絹糸が、雌花の雌しべである。雌しべの先は少しネバネバしていて、風で飛んできた花粉をとらえやすいようになっている。

雌しべの先端についた花粉は、長い絹糸の中にゆっくりと花粉管を伸ばしていく。絹糸はトウモロコシの実の中の粒につながっている。そこまで花粉が到達して、初めて受粉が起こるのである。

そして、トウモロコシの実についているもじゃもじゃした茶色いひげこそ、絹糸がしおれたものである。雌しべである絹糸の一つ一つは、それぞれトウモロコシの一粒一粒とつながっている。だから、トウモロコシの実のひげの数は、トウモロコシの粒の数とは、理屈の上では同じになるのである。

トウモロコシの実には、ときどき歯の抜けたように粒が欠けているところがあるが、これは受精がうまくできなかった粒である。受精しなければ種子はできないのだ。

トウモロコシの中には、黄色い粒と白い粒が混じったものがある。この黄色い粒と白い粒の数を数えてみると、黄色い粒と白い粒の比は、ほぼ三対一になっている。じつは、これこそが、理科の教科書で習ったメンデルの法則の「分離の法則」に従っているのである。トウモロコシの粒は黄色が優性、白色が劣性である。優性遺伝子を

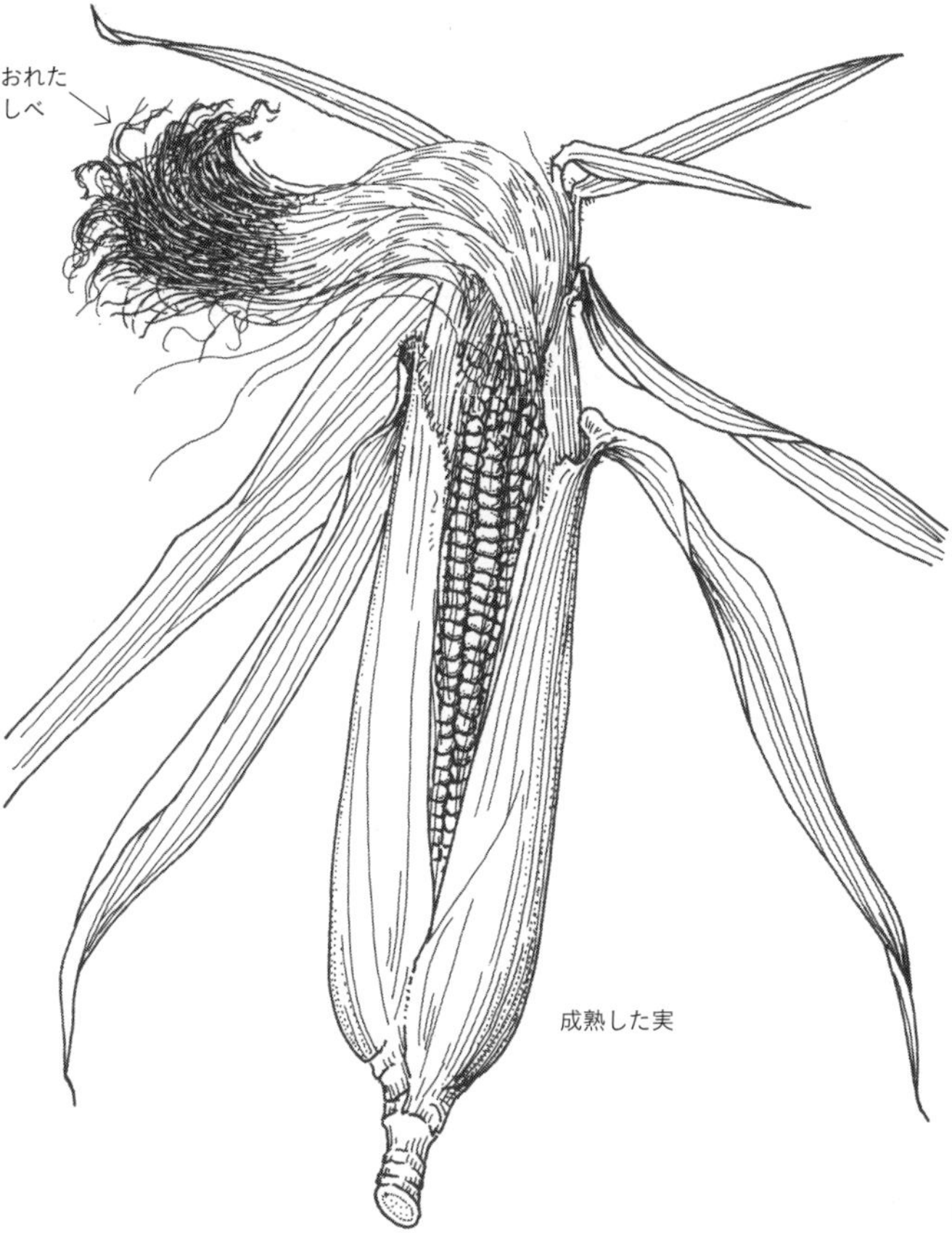
しおれた
雌しべ
成熟した実

A、劣性遺伝子を a とすると、黄色い粒のトウモロコシと白い粒のトウモロコシを掛け合わせた品種はＡａとなる。このＡａとＡａを交配すると、遺伝子型はＡＡが一つ、Ａａが二つ、ａａが一つできる。一つでもＡを持つとその形質は優性のＡの特徴を示すから、ＡＡとＡａを合わせた三つが優性となり、ａａの一つだけが劣性となる。こうして優性と劣性が三対一になるのが分離の法則である。トウモロコシの粒の色は黄色がＡ、白色がａになっている。だから、黄色い粒と白い粒の比は、三対一になるのである。

しかし、よく考えてみると、これは少しおかしい。

遺伝というのは、子どもの世代に伝えられるものである。

種子をまいて出てきた芽生えが、子どもの世代である。それなのに、どうしてまだ芽も出ていない種子に、遺伝の法則が当てはまるのであろうか。人間でいえば、まだ赤ちゃんも生まれていないお母さんのお腹に、お父さんの形質が遺伝してしまったようなものだ。どうして、こんな奇妙なことが起こるのだろう。

人間では、こんなことは起こりえない。しかし、じつは植物ではこういうことが起こる。植物の花粉は核を二つ持っていて、一つは通常の受精をして芽生えとなる胚《はい》を作るが、もう一つの核が別の受精をして赤ちゃんのミルクになる胚乳《はいにゅう》という栄養源を種子の中に作る。これが、重複《ちょうふく》受精と呼ばれるものである。「キセニア」と呼ばれるこの奇妙な現象のせいで、種子の胚乳に父親の遺伝子が影響して黄色や白色の粒ができるのである。

重複受精は、すべての植物で起こるが、トウモロコシは種子が大きく、胚乳の性質が粒の色というわかりやすい現象として観察できる。

それにしても、どうして赤ちゃんのミルクの部分である胚乳が、受精をして作られなければならないのだろうか。

植物の体は、花粉の核と雌の卵子から一組ずつ遺伝子を譲り受けるので、二組で一セットになる。このように、二組で一セットの遺伝子の組み合わせを持つものを二倍《にばい》体《たい》という。ところが、胚乳は、花粉の核からは一組の遺伝子だが、雌の方には二組の遺伝子を持っているので、三組の遺伝子となる。つまり三倍体となるのである。三つあるということは、二つあるよりも、種子の栄養分となる胚乳をたくさん作ることができる。そのため、植物はこのような複雑な重複受精をするのである。

ポップコーン

じつはスナック菓子の名前ではない

私たちが食べるスイートコーンは、種子が未熟なうちに食べられる。そのため、スイートコーンを買ってきた粒をまいても、発芽させることはできない。

スーパーマーケットの食品売り場では、煎《い》るとポップコーンを作ることができるトウモロコシの粒が売られている。この粒は完熟した種子なので、これを水を入れた皿に置いておけば、発芽させることができる。

ポップコーンというのは、スナック菓子の名前ではなく、トウモロコシの種類である。スイートコーンというのも、トウモロコシの種類の一つである。スイートコーンは、日本語では甘味種《かんみしゅ》と呼ばれている。

トウモロコシは世界でもっともたくさん生産されている作物である。ただし、世界のトウモロコシの多くは家畜の餌《えさ》として栽培されている。そのために作られているトウモロコシが、デントコーンと呼ばれる種類である。デントコーンは粒が大きく、馬の歯に似ていることから馬歯種《ばししゅ》と呼ばれている。また、種子が硬いことから硬粒種《こうりゅうしゅ》と呼ばれるフリントコーンというトウモロコシは、工業原料としても栽培されている。

ポップコーンは、このフリントコーンから作られたとされている。ポップコーンは、日本語では爆裂種《ばくれつしゅ》と呼ばれている。ポップコーンは、種子の皮が硬いのが特徴である。そのため、種子を煎ると内部の水分が水蒸気となって膨張《ぼうちょう》するが、皮がやぶけることはない。そして、ついに圧力に耐えられなくなると、はじけてポップコーンができあがるのである。

トウモロコシの種子を発芽させてみると、種子から根が出た後、白い茎がぐっと伸びて、そこから再び根が出て、葉が出る。この最初に伸びる白い茎はメソコチルと呼ばれている。メソコチルは暗いところに置いておくと、より長く伸びる。じつはメソコチルは、種子から地上に向かって、芽生えをぐっと押し上げる働きをしているのである。

●ヒマワリ　向日葵……キク科

ヒマワリの種は、種ではない

ハムスターたちが主役の人気のアニメ「とっとこハム太郎」では「大すきなのはヒマワリのタネ」と歌われている。ハムスターはヒマワリの種が大好きである。ヒマワリの種というと、黒と白の縞《しま》模様を思い浮かべるだろう。しかし、縞模様のものは、じつは種子ではない。

タンポポの種子は、正確には種子ではなく種子を含んだ「瘦果《そうか》」と呼ばれる果実であると14ページで紹介した。じつは、ヒマワリの種と思われているものも、正確には瘦果なのである。

ハムスターはヒマワリの種の殻を器用にむいて、中身を食べる。じつは、この中身こそが、ヒマワリの本当の種子なのである。

ヒマワリはタンポポと同じキク科の植物である。

タンポポは、風に乗せて種子を飛ばしている。それでは、ヒマワリはどのようにし

花後のぎっしり詰まった実(種子)

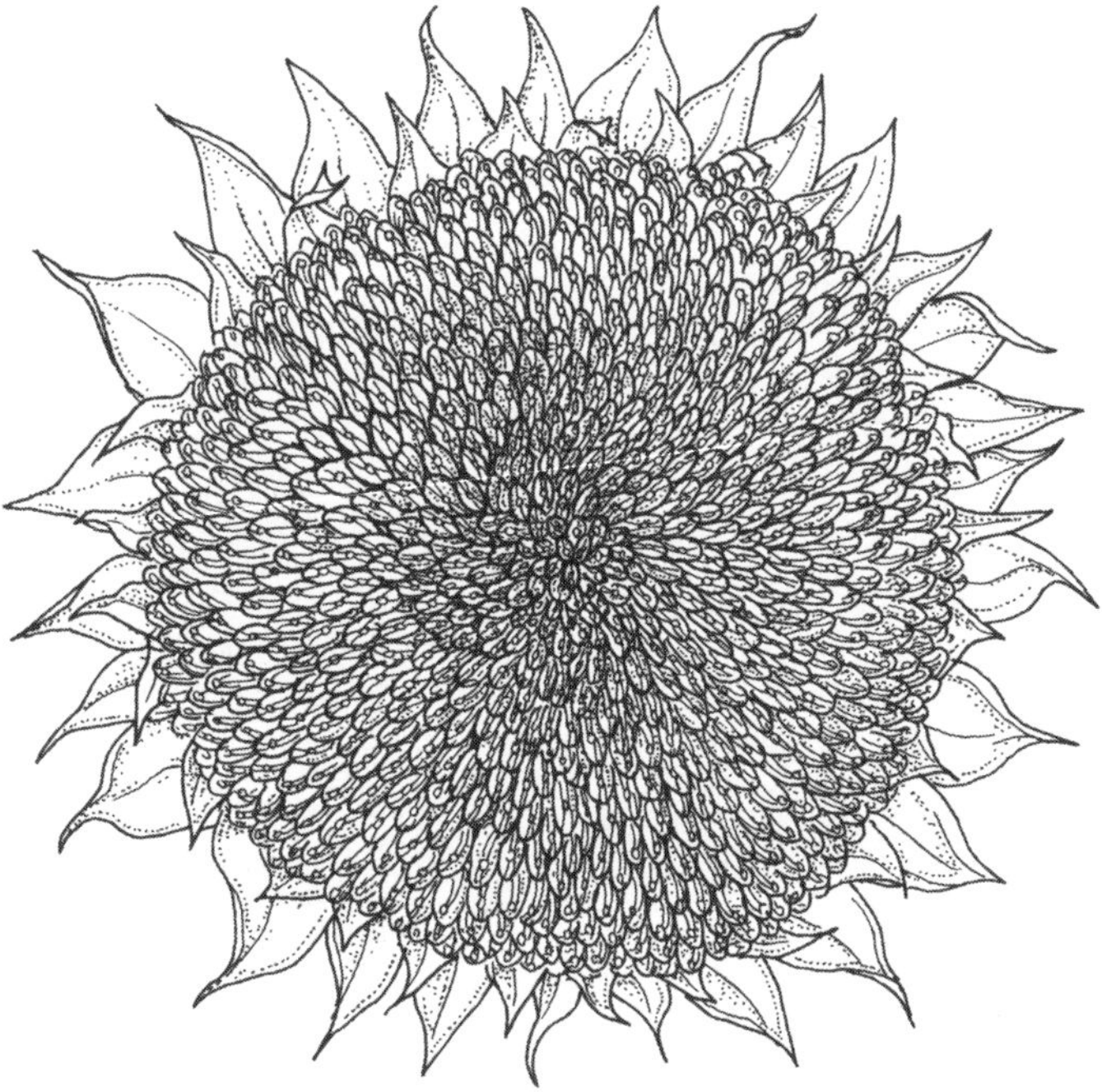

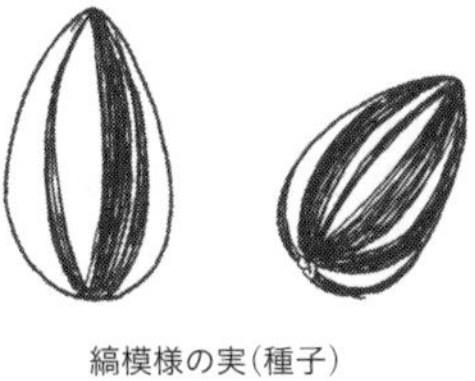

縞模様の実(種子)

て種子を運んでいるのだろうか。

ドングリは、リスやネズミが冬の餌として地面に埋めて蓄えるが、すべてを食べるのではなく、いくつかは埋めたことを忘れてしまう。こうしてリスやネズミの力を借りて、種子を移動させていたのである。

ヒマワリも同じである。ヒマワリは、北アメリカ原産の植物であるが、野生のヒマワリもドングリと同じようにネズミなどの餌となる。そして、原産地では、ネズミが埋め忘れることによって種子が散布されていくのである。

ヒマワリの痩果には、黒と白の模様があるが、これは目立たせて、ネズミに見つけられやすくしているのである。

ヒマワリは、古くからネイティブアメリカンが食糧としていたとされている。

現在でも、ヒマワリの種子は、お酒のつまみや軽食としても人気である。日本ではなじみがないかもしれないが、海外では、よく食べられている。これも殻をむいて、ヒマワリの実の中の本当の種子を食べているのである。

キク科の植物は小さな花が集まって、一つの花を形作っている。

タンポポは一枚一枚の花びらに見えるものが、一つの花である。

タンポポは、すべての小さな花が花びらを持つが、ヒマワリを見ると花のまわりに花びらがあり、花の中央には芯の部分がある。まわりにはタンポポと同じように花び

舌状花
管状花

らを持つ小さな花が並んでいる。この花は花びらを舌に見立てて、舌状花《ぜつじょうか》と呼ばれている。一方、花の中央には、花びらのない小さな花が並んでいる。これは管《くだ》のような形をしているので、管状花《かんじょうか》と呼ばれている。舌状花は受粉のための昆虫に目立たせる役割がある。一方、花びらを持たない管状花は、受粉をしてもっぱら種子を作るのが役割である。

そのため、ヒマワリの花の中央には、種子がぎっしりと詰まってできる。

種子の並んでいる様子をよく見てみると、渦《うず》を巻いているように見える。この並びは、左回りの渦として見ると五五列ある。逆に右回りに見ると八九列ある。

少し小さめの花は、左回りは三四列、右回りが五五列となる。また、もっと小さな花は左回りに二一列、右回りに三四列並んでいる。

二一、三四、五五、八九という一見すると、いかにもランダムな数字が並んでいるように見えるかもしれないが、じつは、ある規則に基づいている。二一と三四を足すと五五、三四と五五を足すと八九というように、前の二つの数字を足した数が次の数字となるのだ。これは、イタリアの数学者レオナルド・フィボナッチが発見したことからフィボナッチ数列と呼ばれている。

不規則な数字の並びのようにも思えるが、じつは植物の葉のつき方や花びらの枚数など、さまざまな自然界の現象がこのフィボナッチ数列に従っている。ヒマワリもまた、このフィボナッチ数列に従うことによって、限られた面積の花の中心部に、平均的に隙間《すきま》なく種子を並べ、できるだけたくさんの種子をつけるようになっているのである。

ゴマ　胡麻……ゴマ科

小さな種子に秘められた脂質エネルギー

植物の種子の中には、食用油の原料となるものも少なくない。すでに紹介したトウモロコシやヒマワリは、植物油の原料となる。

どうして、これらの種子は油を含んでいるのだろうか。

自動車には、ガソリンで動くガソリン車や軽油で動くディーゼルエンジン車がある。最近では、バイオエタノールや、水素、電気などで動く自動車も開発されている。同じように、植物の発芽のエネルギー源にもさまざまなものがある。

たとえば、106ページで紹介したイネの種子は主に炭水化物である糖をエネルギー源としていたし、128ページで紹介したダイズの種子は、たんぱく質を利用していた。そして、トウモロコシやヒマワリの種子は発芽のエネルギー源として脂質を多く含んでいるのである。

脂質は、炭水化物と比べて、二倍以上のエネルギーを生み出すことができる。エネルギーとして、極めて効率がいいのだ。

トウモロコシやヒマワリは芽を出してから短い期間で、見上げるばかりに大きくなる。トウモロコシやヒマワリは、成長量を大きくするために、大きな種子の中に、たっぷりの脂質を蓄えている。これは脂質を使うことによって、スタート時の芽生えを大きくすることができるからなのである。

一方、油を取る植物の種子の中には、大きくならないものもある。

たとえば、ゴマはどうだろうか。ゴマの種子は油分を含むため、ゴマ油の原料となる。

ゴマは、トウモロコシやヒマワリのように大きく育つことはない。むしろ、小さいものを「ゴマ粒ほど」とたとえるくらい、種子が小さい。

じつは、ゴマは、エネルギー効率の高い脂質を利用することによって、一粒当たりの種子を小さくすることを可能にしたのだ。植物が種子生産に利用できるエネルギー量は限られているから、種子が小さいということは、それだけたくさんの種子をつけることができるのである。

でんぷんやたんぱく質に比べて種子が脂質を含むことは、ずいぶん有利なように思える。それなのに、どうしてすべての植物が脂質をエネルギー源として利用しないのだろうか。

じつは、莫大《ばくだい》なエネルギーを生み出す脂質を蓄えるためには、それだけエネルギーが必要となる。脂質を蓄えるためには、それだけ親植物に負担がかかるのである。

ゴマは漢字では、「胡麻」と書く。中国では北方や西方の異民族の住む地域を「胡《こ》」と呼んでいた。そのため、それらの地域から中国へ伝えられたものは、胡瓜《きゅうり》や胡椒《こしょう》、胡桃《くるみ》のように、「胡」の字が使われている。

そして、胡の地域から伝えられた麻が「胡麻」である。ゴマの原産地は明確にはなっていないが、インドやエジプトであるといわれている。仏教の祖国であるインドでは、古くからゴマが栽培されてきた。現在でも、インドは、世界有数のゴマ生産国である。ゴマは貴重な食材としてだけでなく、薬としても用いられた。古代インドでは不老長寿の薬として大切にされていたという。

日本でも縄文時代には、すでにゴマが食べられていたが、奈良時代に仏教とともに日本に伝わった後に広まった。昔は油を取るための重要な作物だったのである。

ゴマは精進料理に欠かせない。ゴマはたんぱく質や脂肪分を多く含んでいる。仏教では殺生《せっしょう》が禁じられており、肉食ができない。そのため、たんぱく質や脂肪分を取るためにゴマは貴重な存在だったのである。また、護摩供養《ごまくよう》をするときに、白ゴマの実を加持物《かじもつ》として投じると、バチバチと音を立てて炎があがる。それも、ゴマの種子が油分を豊富に含んでいるためである。

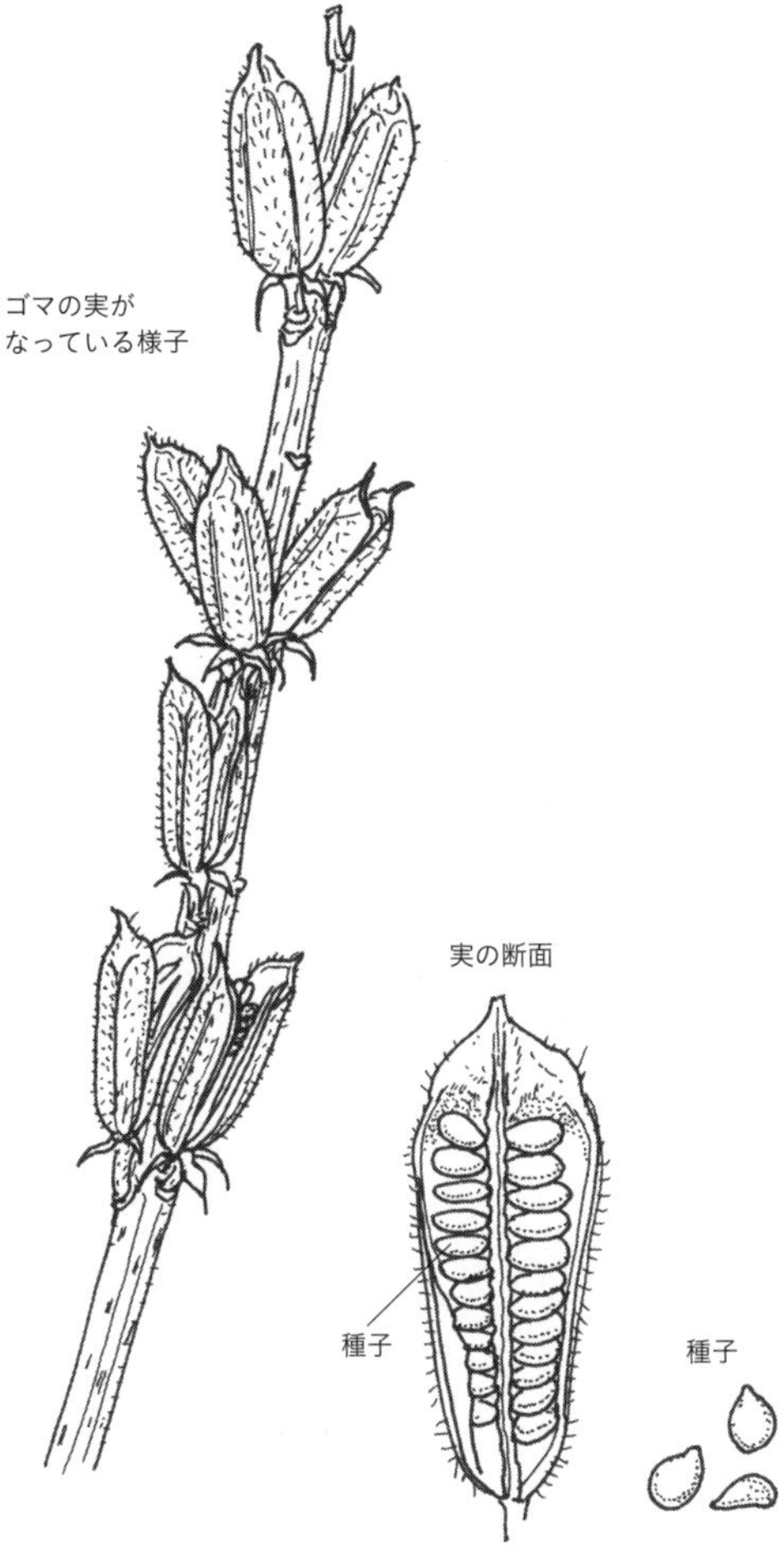
ゴマの実が
なっている様子
実の断面
種子
種子

カラシナ

芥子菜……アブラナ科

ともに「芥子」で表されるカラシナとケシの関係

小さなものをたとえて「芥子粒《けしつぶ》のように小さい」という。

「未来永劫《えいごう》」という言葉は、四方上下が一由旬《ゆじゅん》（軍隊が一日に行軍できる距離、一説には一六キロ）もある大きな城の中を芥子粒で満たし、一〇〇年に一度、一粒ずつ取り除いていったときに、芥子粒がなくなるまでの時間が「一劫」である。永劫は、これが永く続くほど果てしなく長い時間であることを表しているのである。

芥子粒と聞いてもなじみがないかもしれないが、アンパンの上に乗っているのが、芥子粒である。

これはアンパンを考案した木村屋が、中身がわかるように、こしあんパンには芥子粒、粒あんパンには黒ゴマをつけたことに由来する。

芥子粒はケシの種子である。

ケシは、花が終わるとケシ坊主《ぼうず》と呼ばれる実をつける。そして、風が吹くと、ケシ坊主を揺らしながら、実の上から小さな種子をばらまくのである。この小さな種子が風に舞って遠くへ運ばれていくのである。

ケシは麻薬のアヘンの原料となる植物で、栽培は禁止されているが、加熱したケシの種子は発芽することがないため、食品として用いられている。また、芥子粒は七味唐辛子の材料としても利用されている。

ただし、芥子という漢字は、「からし」とも呼ぶ。じつは芥子はカラシナを表す言葉でもあるのだ。ケシの栽培は禁止されているが、麻薬成分のないヒナゲシは園芸種として各地で栽培されているので目にする機会も多い。ケシの仲間は、ケシ科の植物で、美しい花を咲かせる。一方、カラシナはアブラナ科の植物であり、菜の花のような花を咲かせる。

どうして、似ても似つかないまったく違う植物が、同じ「芥子」という漢字で表されるのだろうか。じつは、ケシとカラシナは、種子がよく似ている。もともと「芥」という漢字はカラシナを指すものであった。そして、「芥の子」である「芥子」は、カラシナの種子を指す言葉だったのである。ところが、室町時代に大陸からケシが日本に伝来すると、いつしかケシを指すようになってしまったのである。

カラシナの種子である「芥子」は、辛味成分を含み、和辛子の原料となる。辛味があるので、現在では「辛子」と表記することもある。そして、この「からし」が「辛

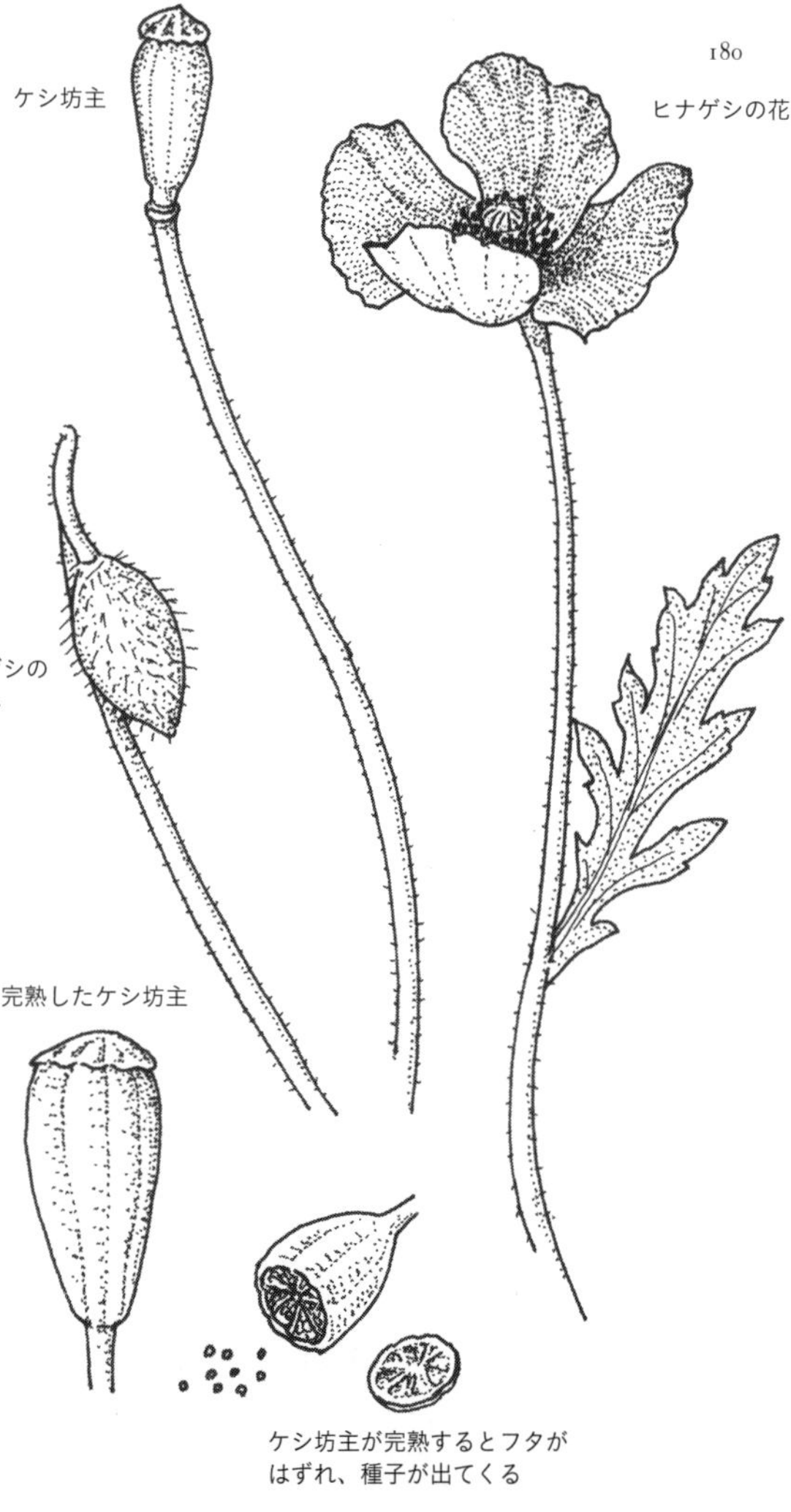
ケシ坊主
ヒナゲシの花
ヒナゲシの
つぼみ
完熟したケシ坊主
ケシ坊主が完熟するとフタが
はずれ、種子が出てくる

食用のカラシナ

カラシナの花

カラシナの実と種子

い」という味覚表現のそもそもの語源なのだ。

ケシの種子も、カラシナの種子も、ゴマと同じように脂質を多く含んでいる。すでに紹介したように、ゴマはエネルギー効率のいい脂質を多く含んでいるため、種子を小さくすることができた。ケシやカラシナの種子が「芥子粒」と呼ばれるほど小さいのは、脂質を含んでいるからだったのである。

果物のタネの話

キウイフルーツ

マタタビ科

なぜ熟しても色づかないのか

キウイフルーツの断面に見られる黒いつぶつぶは、種子である。

このつぶつぶの数を数えてみると、キウイフルーツの一つの果実の中には、五〇〇〜一〇〇〇個ほどの種子が入っている。

キウイフルーツというと、ニュージーランドのイメージが強いが、中国原産である。もともとはシナサルナシと呼ばれる植物だったが、ニュージーランドで品種改良されてきたのである。その姿がニュージーランドの国鳥である、キウイに似ていることから、キウイフルーツと名づけられた。

シナサルナシは支那（中国）のサルナシである。サルナシは「猿の食べる梨」という意味である。野生のシナサルナシは、その名のとおり、サルが果実を食べて、糞と一緒に種子を排出することによって、種子を散布しているのである。

日本にもサルナシと呼ばれる植物があるが、その果実はキウイフルーツそっくりで

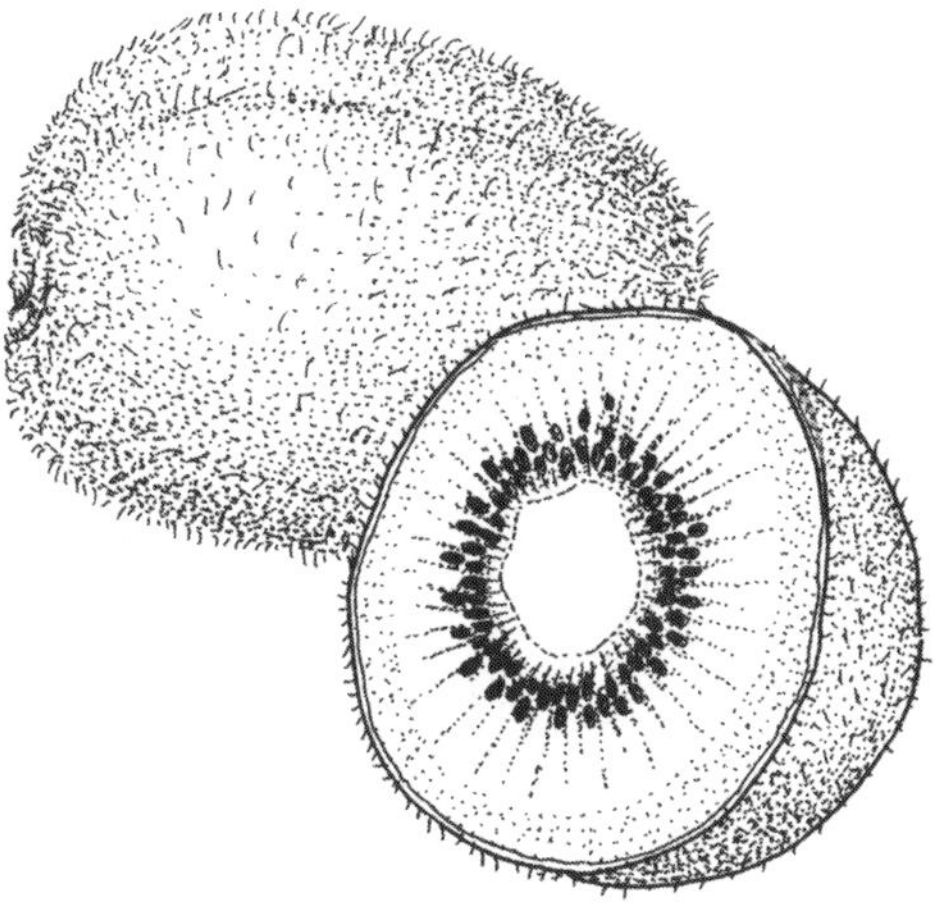

キウイフルーツ

ある。

植物の果実は、種子が熟すと、目立つように黄色や赤色に色づく。

ところが、サルナシは、熟しても緑色のままで鮮やかに色づくことはない。また、シナサルナシやキウイフルーツも、茶色いままである。どうして、他の果実のように色づかないのだろうか。

キウイフルーツを食べるのは、サルだけではない。クマやテンなどの動物もサルナシを食べて、種子を散布する。

鳥やサルは赤い色を認識するため、鳥やサルに種子を運ばせる果実は赤く色づく。ところが、クマやテンなどの哺乳《ほにゅう》動物は赤い色を認識することができない。そのため、色で目立たせるよりも、哺乳類が気がつきやすい強い香りで惹《ひ》きつけているのである。

ところで、キウイフルーツは、たんぱく質分解酵素を含むため、肉料理と合わせて食べると、消化を助けてくれるといわれている。キウイフルーツを食べすぎると、たんぱく質分解酵素が舌の表面のたんぱく質を溶かしてしまうため、舌がピリピリと痛くなってしまう。

しかし、不思議なことがある。

どうして、サルに食べてもらって種子を運ぶキウイフルーツが、食べにくいようなたんぱく質分解酵素を持っているのだろうか。

確かにキウイフルーツは、サルに食べてもらいたい。しかし、一匹のサルが果実をたくさん食べてしまうと、同じ場所にしか散布されない。いろいろな場所に種子を運ぶためには、できるだけたくさんのサルに果実を食べてもらう必要がある。そこで、サルを惹きつける美味しい果実ながら、たくさんは食べられないように工夫しているのである。

バナナ　甘蕉……バショウ科

なぜ実の中に種がないのか

バナナには種がない。どうして、バナナには種がないのだろうか。

バナナにも、もともとは種子があったが、突然変異で種子のないバナナができたのである。

165ページで紹介したように、植物の体は、オスの精核とメスの卵子から一つずつゲノムを譲り受けて、二つのゲノムを持っている。これが二倍体《にばいたい》である。そして、精核や卵子を作るときには、二つのゲノムを半分に分ける。そして再び受精することによって、二倍体に戻るのである。

ところが種なしのバナナは、ゲノムが三つになった。つまり、三倍体である。二倍体は二つのゲノムを半分に分けることができるが、三倍体は、三つのゲノムをうまく半分に分けることができない。そのため、種子が正常にできないのである。

バナナを食べていると、黒いつぶつぶのようなものがある。じつはこれが、種子になるはずだったものである。

種子ができないことは、野生の植物としては欠陥だが、栽培植物では優れたこともある。何しろ、種がなければ、食べやすい。また、二倍体と三倍体を比べると、二つのゲノムよりも、三つのゲノムの方がゲノムの数が大きいので、三倍体の方が植物の体が大きくなる。その分だけ、バナナの収量も増えるのである。

さらには、種子があると植物は種子のために栄養分を使うが、種なしの植物は、種子に栄養分を取られることなく、その分だけ実に栄養分が蓄積されるのである。

しかし、種子のできない三倍体のバナナは、どのようにして増やせばよいのだろうか。種子ができないバナナは、余った栄養分を使って株元から新しい芽を出す。この芽を植え替えることによって、バナナを増やしていくのである。

このようにして株で増やしたバナナは、元の株と同じクローンとなる。クローンは、元の株とまったく同じ性質だから、親の株がかかりやすい病気があったとすると、子どものクローンの株も、すべて同じ病気に弱くなる。そして、すべての株が病気にかかってしまうことがあるのである。

種子で増える場合は、このようなことは起こらない。親の株と、種子で増えた子どもの株は、似ているとはいえ、親子や兄弟で性質が違う。そのため、親の株が病気に弱かったとしても、子どもの株がすべて病気に弱いとは限らないのだ。かつてバナナは、入院しないと食べられないといわれた高級品であった。そのときのバナナは、グロスミッチェル種という甘くて、とろけるような品種である。しかし、病気が蔓延《まんえん》し、急激に減少してしまった。現在、広く食べられているのは、このとき、病気に強かったキャベンディッシュ種である。グロスミッチェル種の危機は、けっして昔話ではない。現在、キャベンディッシュ種にも病気が広がり始めている。そして、私たちになじみのあるバナナも、やがて絶滅してしまうのではないかと、心配されているのである。

●ミカン　蜜柑……ミカン科●

種なしミカンはどうやってできる？

種なしミカンとして知られるのが温州《うんしゅう》ミカンである。「温州」というのは、中国のミカン産地である。ただし、温州ミカンは、中国からもたらされたものではない。温州ミカンは、現在の鹿児島県で突然変異によって生まれたと考えられている。中国とは縁もゆかりもないのだ。しかし、有名な中国の産地にあやかって「温州」と名づけられた。今なら産地偽装と呼ばれてしまうかもしれないが、日本生まれなのに、雰囲気で「ナポリタンスパゲティ」や「アメリカンコーヒー」と呼ぶノリに似ているかもしれない。

温州ミカンは江戸時代初期に、作出《さくしゅつ》されたとされている。味がよい上に、皮がむきやすく、種もなくて食べやすい優れたミカンである。それなのに、江戸時代には、温州ミカンはほとんど栽培されることがなかったという。どうしてなのだろうか。

温州ミカンは種がない。武士の世の中であった江戸時代には、家を存続させることが、もっとも大切なことであった。そのため、「種なし」が「子宝に恵まれない」ことを連想させて、縁起が悪いとされたのである。こうして、美味しい温州ミカンは、明治時代になるまで広く食べられることはなかったのである。

それにしても、種のないミカンは、どのようにして増やすのだろうか。

種なしの温州みかんは、種子で増やすことはできないので、もっぱら挿し木や接《つ》ぎ木によって苗が増やされていった。果物は種子からでは、木が大きくなるのに年数がかかるし、また、種子で増やすと親の木の性質と変わってしまうため、種ができる場合も、挿し木や接ぎ木で増やす方がふつうである。

種なしミカンには、他にも謎がある。

植物は、一般的に、受粉することで、果実が肥大する。しかし、温州ミカンは、花粉が稔性《ねんせい》を持たないため、受粉しても種子を作ることはできない。種子ができないと果実が太らないことがよくあるが、種なしミカンは、どうして甘い果実を結ぶのだろうか。

じつは温州ミカンは、種子ができなくても果実を肥大させる「単為結果《たんい》」という性質を持っている。そのため、種がなくても実ができるのである。

もっとも、種なしである温州ミカンにも、ときどき種子が入ることがある。

温州ミカンの花粉は稔性がないが、他のミカンの花粉が交配されると種子ができるのである。この種子は、温州ミカンと他のミカンの雑種ということになるから、種をまいてみれば、まったく新しい種類の柑橘《かんきつ》が芽を出すはずである。

実　　種子のない断面

カキ　柿……カキノキ科

お菓子の柿の種はなぜ細長いか

「柿の種」という人気のお菓子がある。

ヒマワリの種や、カボチャの種のようにお菓子として食べられる種子もあるが、柿の種は、実際には種子ではなく、米から作られる。つまりは、もち米から作るあられや、うるち米から作る煎餅《せんべい》と同じである。

もともと小判型の金型《かながた》であられを作っていたが、その金型をうっかり踏みつぶしてしまった。その歪《ゆが》んだ小判型が「柿の種に似ている」とされて、「柿の種」というお菓子ができるようになったのである。

ところが、実際に柿を食べて、種を取り出してみると、柿の種は丸い形をしていて、お菓子の細長い柿の種とは似ていない。

私たちがふだん食べる「富有柿《ふゆうがき》」や「次郎柿《じろうがき》」などの甘柿は、果実も丸く、種子も丸い。しかし、果実が筆の先のようにとがった「筆柿《ふでがき》」と呼ばれる種類がある。じつ

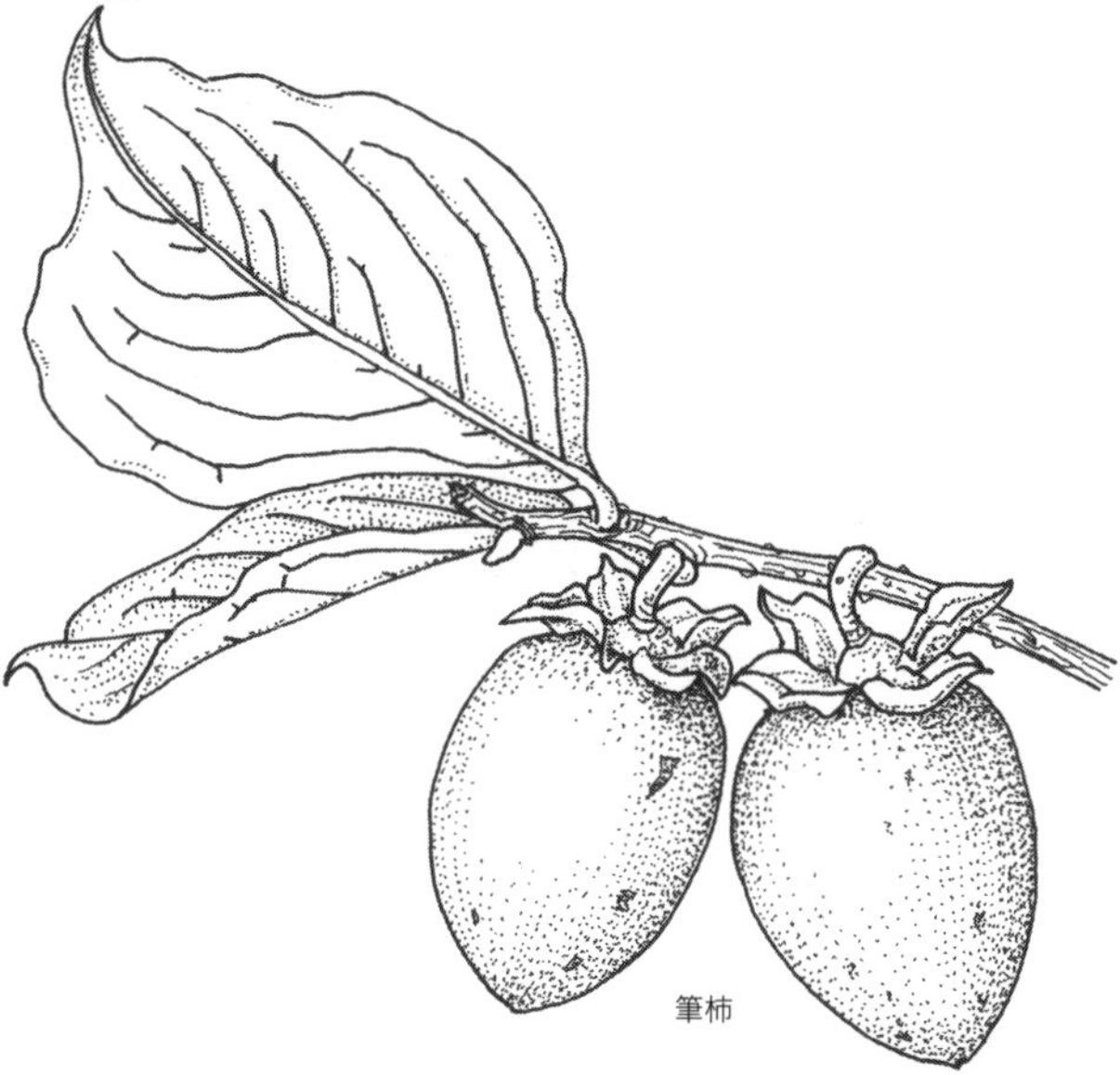

筆柿

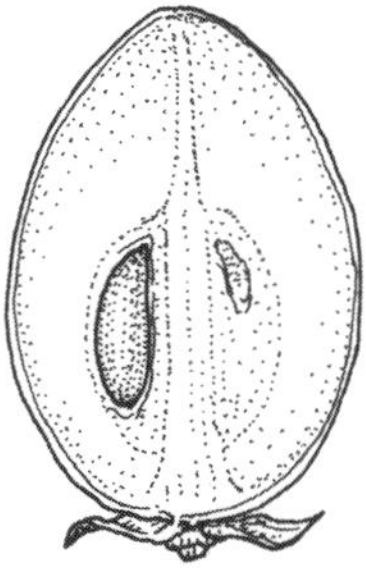

筆柿の断面

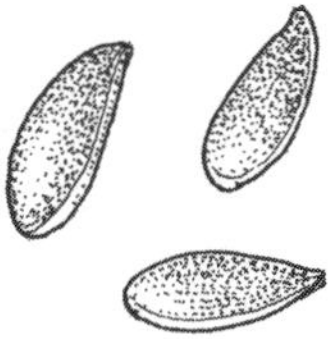

筆柿の種子

は、この筆柿の種子が、「柿の種」の形をしているのである。筆柿は種子があるところは甘くなる。しかし、種子がないところは渋味がある。そのため、筆柿は不完全甘柿と呼ばれている。

柿には、甘柿と渋みを抜かないと食べることのできない渋柿とがある。

植物の果実は鳥や哺乳《ほにゅう》動物に食べられて種子を運ばせる。果実と一緒に飲み込まれた種子は腸管を通って、やがて糞と一緒に排出される。こうして、動けない植物は、種子を遠くへ散布するのである。柿も、鳥に目立たせるために、果実が鮮やかに熟す。それなのに、どうして、食べられるのを拒むかのような渋柿があるのだろう。

じつは、渋柿も熟すと甘くなる。

果実は、鳥に食べさせて種子を散布させるためのものだから、種子が熟す前に果実が食べられてはまことに都合が悪い。そのため、種子の成熟に合わせて甘味を増していく。ただし、甘味が少ないだけでは、食べられてしまう。そのため、種子が熟さないうちは苦味物質を含んで、食べられるのを防いでいるのである。苦味物質のタンニンも柿が熟すと水に溶けない形に変わり、食べても苦くなくなるのである。

渋柿も、とろけてぐじゅぐじゅになるくらいのころには苦味がなくなっている。人間には、とても食べられないが、鳥たちは美味しそうに熟した柿の実をつつくのである。人間はそれでは食べにくいので、果実の形の崩れないうちに収穫する。しかし、柿にとってはまだ熟していないから渋みがあるのである。

「早く芽を出せ柿の種　出さぬとはさみでちょん切るぞ」

日本昔話のサルカニ合戦では、カニがそう言いながら、柿の種を育てる。さて、カニが育てたこの柿は甘柿だっただろうか、それとも渋柿だったのだろうか。

甘柿は、もともと渋柿の突然変異によって生まれた種類である。甘柿は特殊な突然変異の個体なので、そこから取れた種子をまいたとしても、特殊な甘柿の形質が次世代に遺伝する確率は低い。むしろ、タンニンを生成する健全な渋柿と交配することによって、タンニンを作る性質が回復してしまうのが一般的である。甘柿の種子をまいて育てたとしても、渋柿になってしまう可能性が高いのだ。そのため一般に甘柿は、種子ではなく、接ぎ木や挿し木などの栄養繁殖で増やす。こうして増やされた苗木は元の木のクローンだから、優良な甘柿の形質が失われないのである。

・ウメ　梅……バラ科

梅干しの種は種ではない

梅干しには種がある。

この梅干しの種を割ると出てくる仁《じん》は、俗に「天神《てんじん》さま」と呼ばれている。

ウメと天神さまのかかわりは深い。天神さまとして祭られる菅原道真《すがわらのみちざね》は生前にウメをこよなく愛していた。今でも天神さまの境内にはウメの木がつき物である。そして、梅干しの種の中には天神さまが宿るといわれるようになったのである。

梅干しの種子は吐き捨てられてしまうが、天神さまがいるウメの種を粗末に扱えないと、太宰府天満宮には「梅の種納め所」が設けられている。それくらい、大切にされているのである。

ところが、梅干しの種と呼ばれるものは、本当の種子ではない。じつは、この天神さまこそが、ウメの本当の種子なのである。天神さまが種子だとすると、私たちが梅干しの種だと思っているものは、いったい何なのだろうか。

雄しべ
雌しべ
花弁（花びら）
子房
がく

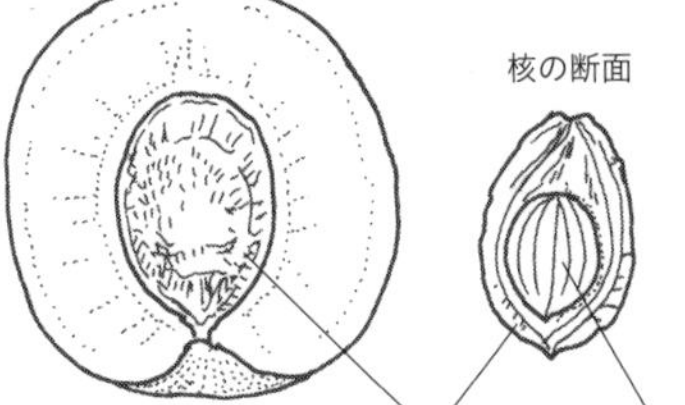
核の断面
実の断面
核
仁

「梅干しの種」は、果実の一部が硬く変化したものである。こうして果実が硬い鎧《よろい》となって内部の種子を守っているのである。

ウメは種子を運んでもらうために、果実を食べてもらう必要がある。しかし、大切な種子までバリバリ食べられたのではかなわない。そのため、種子を硬い殻の中で守っているのである。

青いウメは毒があるので、生のまま食べてはいけないといわれている。

ウメの実は未熟なうちは、種子を食べられないように青酸《せいさん》で身を守っている。「入《にゅう》梅前《ばい》の梅を食べるな」といわれるのは、そのためである。そして、実が熟すと青酸は少なくなって食べられるようになる。

ところが、天神さまと呼ばれる仁は、実が熟しても青酸を含んでいる。「梅干しの種の中には天神さんがいるから食べてはいけない」といわれるのは、青酸中毒を防ぐための教えなのである。

しかし、天神さまを好んで食べる人もいる。仁に含まれる青酸は量が少なく、多食しなければ食べることもできるのである。

●モモ　桃……バラ科

なぜ桃太郎はモモから生まれた？

モモの果実の中にも、梅干しの種と同じような硬い核がある。これもウメと同じように果実の一部が硬くなったものである。

意外に思われるかもしれないが、ウメとモモはバラ科の植物である。

バラというと刺《とげ》のあるバラの花を思い浮かべるが、バラの仲間には果物として食べている植物が多い。リンゴやナシ、サクランボなどの多くの果樹が、じつはバラ科の植物である。

モモの硬い核の中に入っている仁は「桃仁《とうにん》」と呼ばれている。昔話では、モモを割ったら桃太郎が出てきたが、核まで割ると桃仁が出てくるのである。

前項で紹介したウメの天神さまと同じように、モモの「桃仁」も、本当の種子である。

そういえば、「杏仁」という言葉はよく耳にする。杏仁豆腐の杏仁である。これは、アンズの核の中に入った種子のことである。

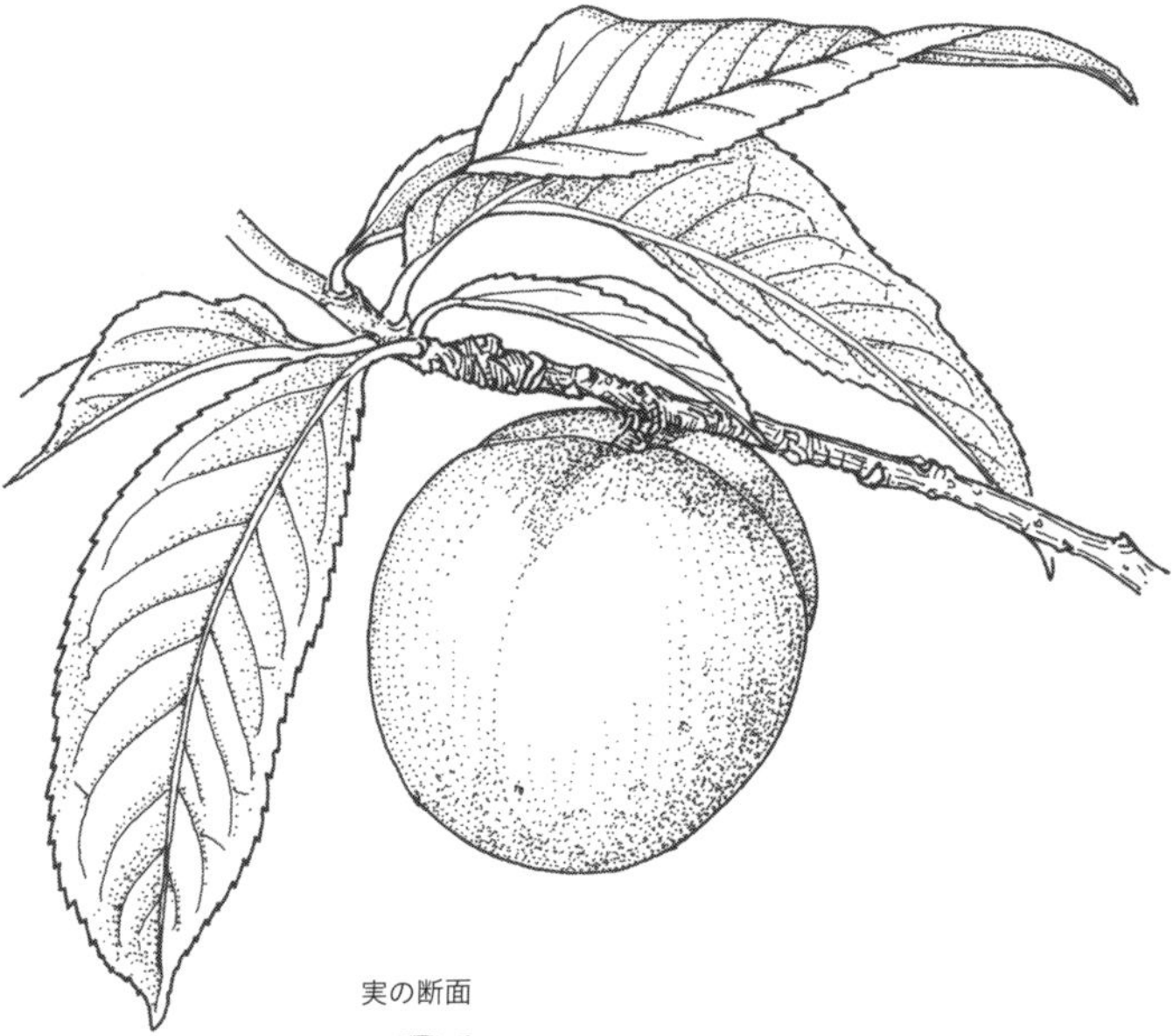

実の断面

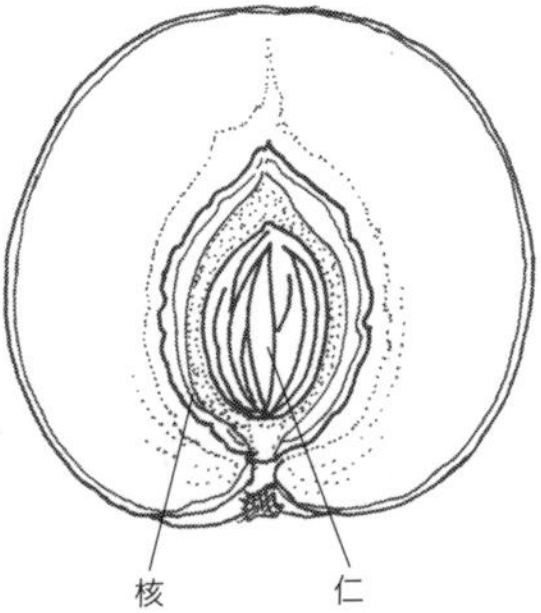

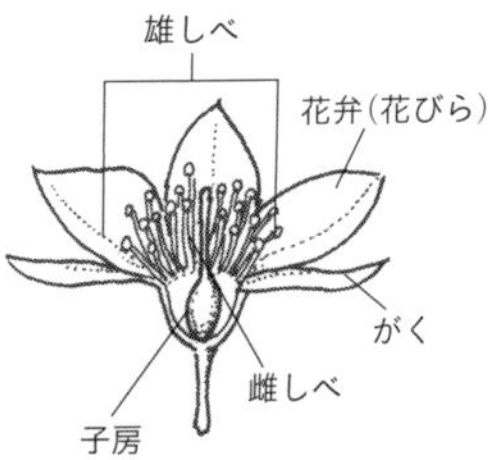

桃の種子である桃仁は、薬効があることが知られていて、昔からモモは邪気をはらう霊木《れいぼく》とされてきた。

中国の古書『神農本草経《しんのうほんぞうきょう》』では、モモの種子は悪い部分を取り去り、百鬼を殺す力があると伝えられている。

また、日本でもっとも古い神話である古事記には、イザナギノミコトがモモを投げて鬼を追い払う話が登場する。

男神のイザナギノミコトは、死んでしまった妻の女神のイザナミノミコトを慕って黄泉《よみ》の国に行くものの、腐れ果てた妻の姿を見て逃げ出してしまった。夫のこの態度に怒ったイザナミは鬼たちに夫を追わせるが、黄泉比良坂《よもつひらさか》の坂の上り口にモモの木があったので、モモの実を三つ取って投げつけると、鬼は退散して、黄泉の国へと戻っていった。こうしてイザナギは難を逃れたのである。

助かったイザナギはモモの実に「お前が私を助けたように、人々が苦しんでいるときには助けてあげなさい」と言って、邪気をはらう偉大な神という意味の「意富加牟豆美命《おおかむづみのみこと》」の名を授けたという。

つまり神代《かみよ》の昔からモモは鬼退治のシンボルだったのである。

桃太郎が、カキやクリではなく、モモから誕生したのも、モモの持つ不思議な力のせいかもしれない。

サクランボ

桜坊……バラ科セイヨウミザクラの実

実の中の物体は種ではない

サクランボもバラ科の果実である。

ところが、サクランボにはウメやモモのような核がない。そして、真っ赤なサクランボの中には、種子が一つ入っている。じつは、サクランボの種子に見えるものこそが、ウメやモモの核と同じものなのである。サクランボは、核がまるで種子であるかのような形をしているのだ。そのため、本当の種子はこの核の中に入っていることになる。

学校のサクラの木に登ってサクランボを取った思い出を持つ方がいるかもしれないが、残念ながら学校のサクランボは美味しくない。私たちが、花見で愛《め》でる身近なサクラは、ソメイヨシノである。観賞用のソメイヨシノのサクランボは美味しくないのだ。

サクランボをとるためのサクラは、セイヨウミザクラという、私たちがよく知る花見のサクラとは別の種類である。

ソメイヨシノはサクランボができるが、種子で増やすことはできない。ソメイヨシノは、江戸時代中期の一七五〇年ごろに江戸で作られたサクラの品種である。ソメイヨシノを種子で増やすと、親のサクラとは、別の特徴を持つ子孫ができてしまう。そこで、ソメイヨシノは、挿し木や接《つ》ぎ木などで増殖をする。こうして作られた苗木は、親のサクラの分身なので、親の木とまったく同じ特徴になるのだ。

また、種子から育てると、サクラの木は成長するのに時間がかかるが、苗で増やせば、短い時間で育てることができる。そして、人気のあるソメイヨシノは、短期間に全国へと植えられていったのである。

ラグビーの日本代表のユニフォームは、「桜のジャージ」である。このサクラは、私たちが見慣れたソメイヨシノとは少し違うところがある。

お花見で満開のソメイヨシノを見ると、葉が出る前に花が咲く。そして、花が咲き終わってから、葉が出てくるのである。ところが、桜のジャージを見ると、花が咲いている枝に、葉っぱが出ている。同じようなサクラは花札でも見ることができる。花札の桜は、咲き乱れているサクラの花のあちこちに、葉が描かれているのである。

葉が出てから花が咲くのは、古くから日本に自生するヤマザクラの特徴である。ヤマザクラは、種子で増えるので、性質はバラバラである。そのため、花の咲く時

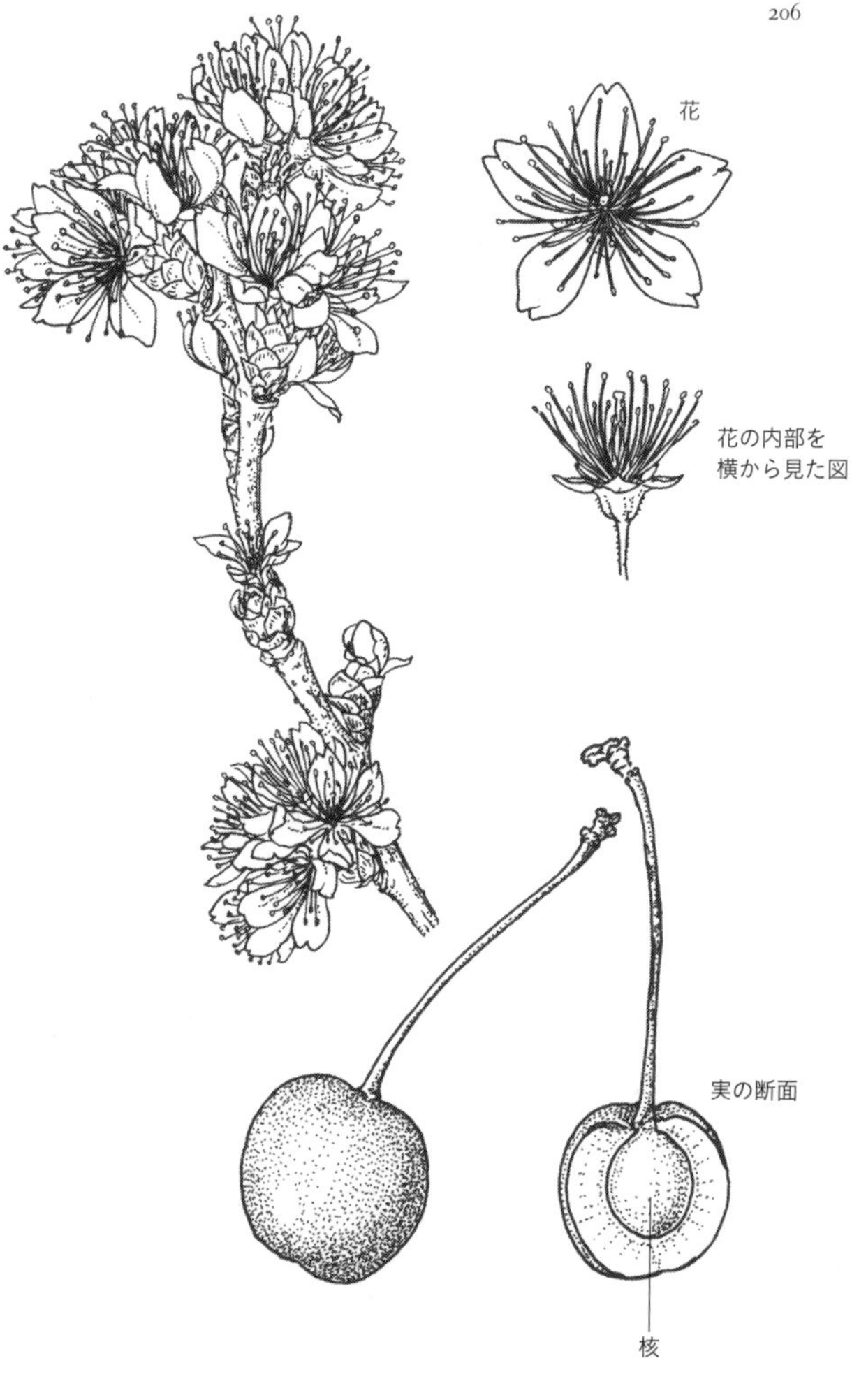
花
花の内部を
横から見た図
実の断面
核

期もバラバラになる。昔は、その木の中から、農作業の始まりを示す目印となるサクラの木を決めた。これが「種まき桜」と呼ばれるものである。

しかし、栄養繁殖で増やしたソメイヨシノは、性質が同じなので、一斉に咲いて、一斉に散る。この短い期間にそろって咲く様子が、命短いソメイヨシノの美しさを際立たせているのである。

・リンゴ　林檎……バラ科

なぜ種を守る核がないのか

アメリカのハイウェイの路肩を見ると、よくリンゴの木が生えていることがある。アメリカ人にとって、リンゴは身近な果物である。アメリカ人は、よく街を歩いたり、野球を観戦しながら、リンゴを丸かじりしている。

そして、ハイウェイで車を運転しながら、リンゴをかじり、食べかけのリンゴやリンゴの種子を窓から捨てるのだろう。植えたはずのないリンゴが芽を出して、成長しているのである。

リンゴはバラ科の果実であるが、ウメやモモのような核がない。また、サクランボのように種子のような核もない。果実の中にいくつも入っている種子は、本物の種子である。

種子を食べられて困るのはリンゴも同じはずなのに、どうしてリンゴには核がないのだろうか。じつは、リンゴは、まったく別の発想で種子を守っている。

リンゴの花

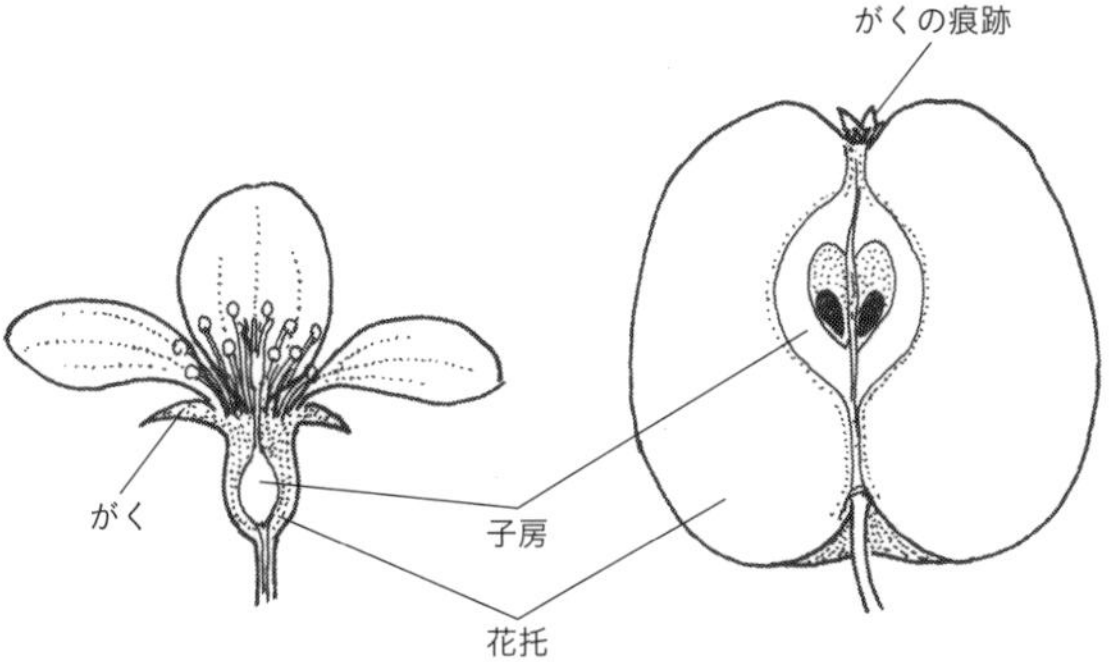
がくの痕跡
がく
子房
花托

私たちが食べるリンゴの果肉の部分は子房《しぼう》が肥大してできた本当の果実ではない。果実のように見えるのは花の付け根の花托《かたく》と呼ばれる部分が、子房を包むように肥大したものなのだ。

それでは、子房に由来した本当の果実はどこにあるのだろう。

じつは、私たちが食べ残す芯の部分が子房である。種子は硬い芯の中で、食べられないように守られているのだ。

一般の果実は、子房が肥大してできたものである。だから花の下にあるがくは果実より下にある。ミカンやカキは子房が肥大してできた果実である。だから枝についていた柄《え》の部分を下にしてみると、果実の下にヘタがある。このヘタが、がくだった部分である。

一方、リンゴを見ると柄の部分にはヘタがない。ところが、柄の反対側の方を見ると、果実のへこんだ部分にがくの痕跡《こんせき》らしきものがある。がくより先に花があったはずだから、がくと柄の間にある果実は、花の付け根の部分だったことになる。このようにリンゴやナシなどは、子房が肥大した本来の果実ではないため、「偽果《ぎか》」と呼ばれている。

野菜のタネの話

カボチャ　南瓜……ウリ科

種子が芽生えるとき、双葉の下に〝爪〟が出る！

カボチャの種子は食べられる。

太平洋戦争後の食糧難の時代には、あちらこちらでカボチャが食べられ、カボチャの種も食用になった。栄養価が豊富なので、中国などでは今でも、お茶請《う》けとして好んで食べられる。

ただ、日本の食卓ではカボチャの種子はほとんど捨てられてしまうだろう。

カボチャはじつにたくましい野菜で、畑の隅に捨てられた生ゴミから芽を出したカボチャが雑草のように生い茂っている様子をよく見かける。東京湾を埋め立てたゴミ捨て場では、よくカボチャが群生しているらしい。

そんなに簡単に芽を出すことができるのであれば、カボチャの種子を捨てずにまいてみることにしよう。ところが、簡単には芽が出ないから注意が必要だ。

じつは、カボチャの果肉には種子の発芽を抑制する物質が含まれている。そのため、種子についた果肉をよく洗わないと、芽が出てこないのだ。

どうして、カボチャの果肉は、わざわざ発芽を抑える物質を持っているのだろう。果物が鳥や哺乳《ほにゅう》動物に食べられて、糞と一緒に種子を散布するように、カボチャも野生の状態では鳥に食べられて種子を散布する。しかし、カボチャの皮は硬く、いつまでも腐ることなく長持ちする。こうして、種子を守っているのである。ところが、この間に実の中でカボチャの種子が、芽を出してはいけない。そこで果肉に発芽を抑える物質を持っているのである。

カボチャは日持ちがするので、夏に収穫したものを冬まで保存しておくことができる。カボチャは夏の野菜なのに、「冬至にカボチャを食べるとよい」といわれたのは、緑黄色野菜の少ない冬場にビタミンの豊富なカボチャを食べて、厳しい冬を乗り切ろうとしたのである。冷蔵庫もなかった時代には、カボチャは、保存の利く夏の太陽の缶詰のような存在だったのだ。

さて、カボチャの種子をまいてみると、面白い現象を見ることができる。

カボチャの芽生えを見ると、双葉の下の茎の部分に爪《つめ》のような突起《とっき》があるのだ。この突起は「ペグ」と呼ばれている。

ふつうの植物は種子の中に栄養分があって、ごく小さな芽を出してから、その栄養分で双葉を広げていく。ところが、ウリ科植物の種子は、129ページで紹介したマメ

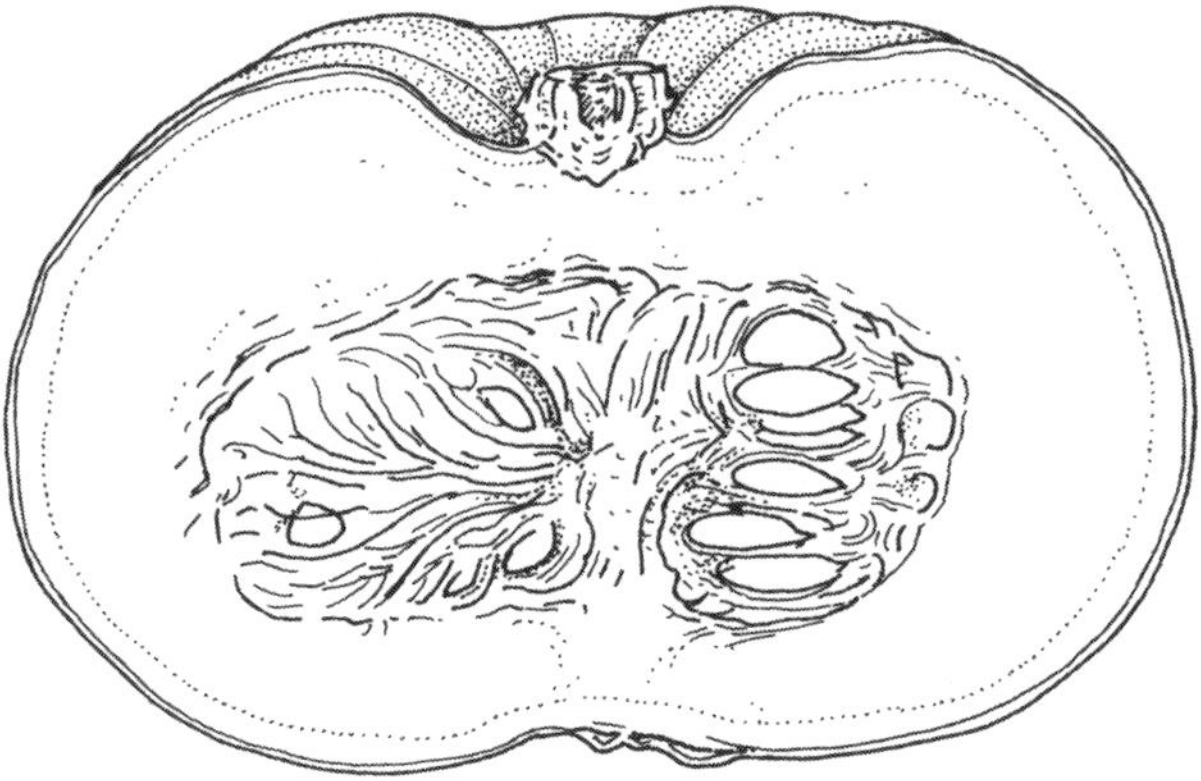

実の断面

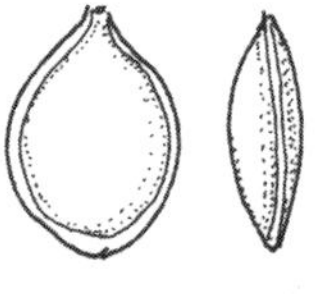

種子

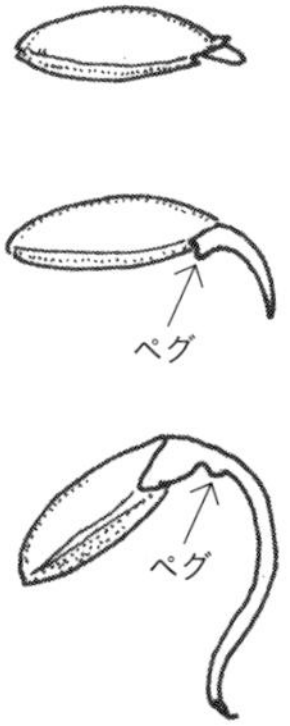

ペグ（ツメのような突起）を出して
皮を脱ぎながら発芽する種子

科植物の種子と同じように胚乳《はいにゅう》がなく、双葉の中に芽生えのための栄養分を貯める構造になっている。そのため、カボチャの種子の中には大きな双葉がぎゅうぎゅうに詰まっているのだ。

そこで、カボチャは、種子の中から双葉をスムーズに取り出すために、茎の爪に種子の皮を引っかけて、脱ぐのである。このペグはキュウリなど他のウリ科の野菜でも観察することができる。

よく似た漢字の「瓜《うり》」と「爪」を覚える方法として、「瓜に爪あり　爪に爪なし」という言葉があるが、驚くことに、ウリ科のカボチャには本当に爪があるのである。

キュウリ　胡瓜……ウリ科

発芽の謎を解き明かした宇宙実験

私たちが食べるキュウリには種はない。

キュウリは、まだ熟していない果実である。そのため、種が未発達なのだ。キュウリの断面を見ると、白色をした種のようなものが見える。これが未熟な種子である。植物の果実は未熟なうちは緑色をしている。そして果実が熟すと鮮やかに色づくのである。

緑色のキュウリも、熟せば鮮やかに色づく。野菜畑で収穫されなかったキュウリは、丸々と太り、そして、黄色く色づく。

キュウリの名前は、黄色いウリという「黄うり」に由来するとされている。実際に、大昔は黄色く熟したキュウリを食べていたという。ところが、マクワウリなど、もっと美味しいウリが中国から伝わると、熟したキュウリは食べられなくなってしまったのである。今のような未熟なキュウリが広く食べられるようになったのは、江戸時代後期以降のことらしい。

もっとも、武士は、キュウリを食べることを避けたとされている。その理由は、キュウリの断面にある。

キュウリの断面は、三つに分かれている。これが徳川家の家紋である葵《あおい》の御紋《ごもん》に似ていたことから、恐れ多くてキュウリを口にしなかったのである。

キュウリには雄花と雌花があるが、雌花を見ると、雌しべの先が三つに分かれている。この三裂した雌しべの先端についた花粉は、それぞれ雌しべの中の胚珠《はいしゅ》と受精する。キュウリの実を横に切ってみると、その断面は三つに分かれているが、三裂した雌しべは、このそれぞれとつながっているのである。

未熟なキュウリには、熟した種子はないが、熟したキュウリの実には、種子があるのだろうか。残念ながら、必ずしもそうではない。キュウリは、受粉しなくても実を太らせる「単為《たんい》結果」という性質を持っている。そのため、ハチなどが花粉を運ばないビニールハウスの中では、キュウリは受粉できず、種子を持つことができないのだ。

野菜畑などで、熟したキュウリは種子を持つ。この種子をまくと前項で紹介したカボチャと同じように、ペグという突起を持った芽生えがある。そして、ペグに種皮《しゅひ》を引っかけて、脱ぐのである。

キュウリの種子は平たい形をしている。これを地面に置くと、根が下に伸びていく。

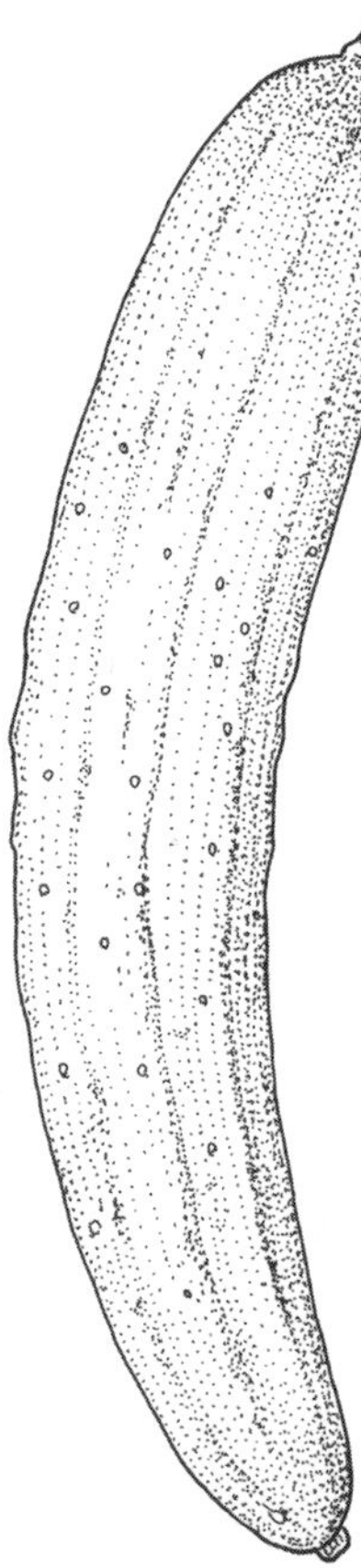

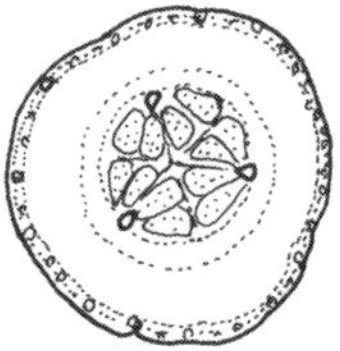

3つに分かれたキュウリの断面

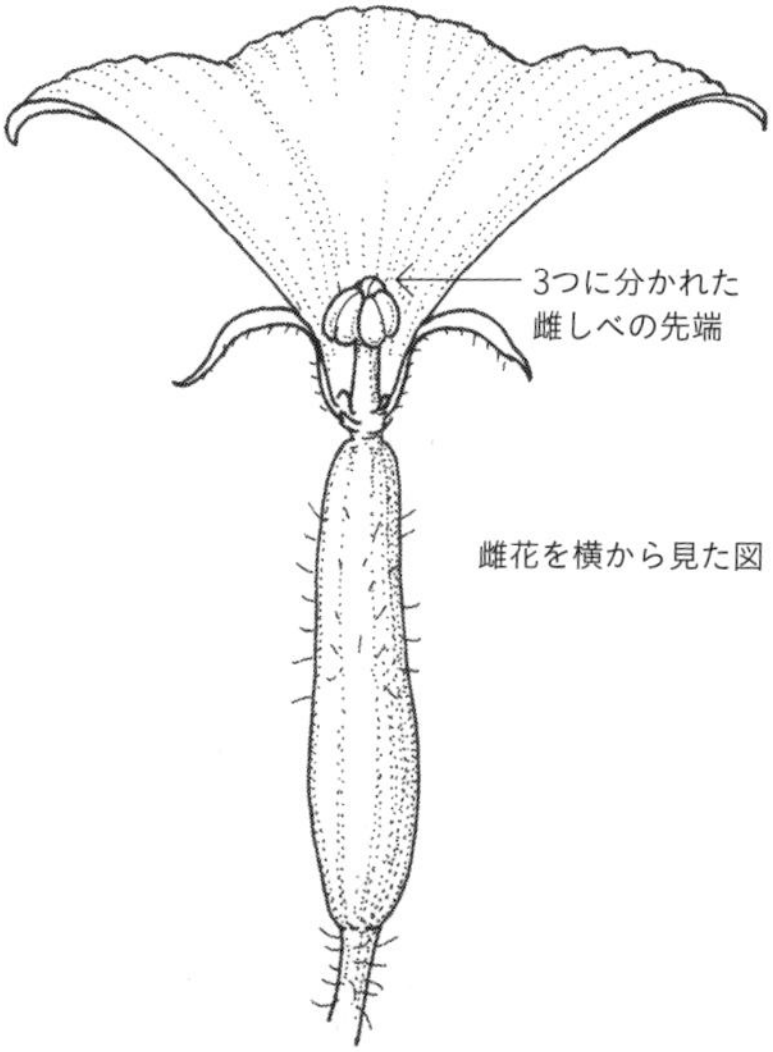

雌花を横から見た図

そして茎と根の間の地面側にペグが作られるのである。それでは、キュウリの種子を裏返して置くとどうなるだろう。根は下に伸びていき、茎と根の間の地面側にペグが作られる。つまり、どちらに置いても地面の方にペグができるのである。

キュウリは上下がわかるのだろうか。そして、もし上下がわかるのだとすれば、重力がなく、上も下もない宇宙では、キュウリはどのような発芽をするのだろうか。

この謎を解くために、なんとスペースシャトルに搭乗した宇宙飛行士の向井千秋さんが、宇宙でキュウリの発芽試験を行った。その結果はどうだっただろう。じつは、無重力では、キュウリは両側に二つのペグを発達させた。つまり、キュウリはペグを二つ用意していて、地球ではどちらか下になった側のペグだけを発達させるのである。

こうして、宇宙での実験によって、キュウリの種子の謎が明らかとなったのである。

イチゴ　苺……バラ科

表面のつぶつぶは〝種〟ではない

イチゴの果実の表面には、つぶつぶがある。あのつぶつぶはイチゴの種である。

しかし、つぶつぶが種子だとすると、おかしなことがある。種子というのは、果実の中にできるはずである。それなのに、どうしてイチゴは果実の表面に種子があるのだろうか。

じつは、イチゴの実の表面にあるつぶつぶは、イチゴの本当の実である。そしてこの小さな実の中に、一粒だけ種子が入っているのだ。

しかし、それでは、さらにおかしなことになってしまう。小さなつぶつぶがイチゴの実であるとすると、私たちが食べているイチゴの真っ赤な部分は、何なのだろう。

イチゴの赤い実は、花托《かたく》と呼ばれる花の付け根の部分が太ったものである。たとえば14ページで紹介したように、タンポポの綿毛は、一つ一つが小さな実である。この実の中に、小さな種子が入っているのだ。これを全部吹き飛ばすと、綿毛のついてい

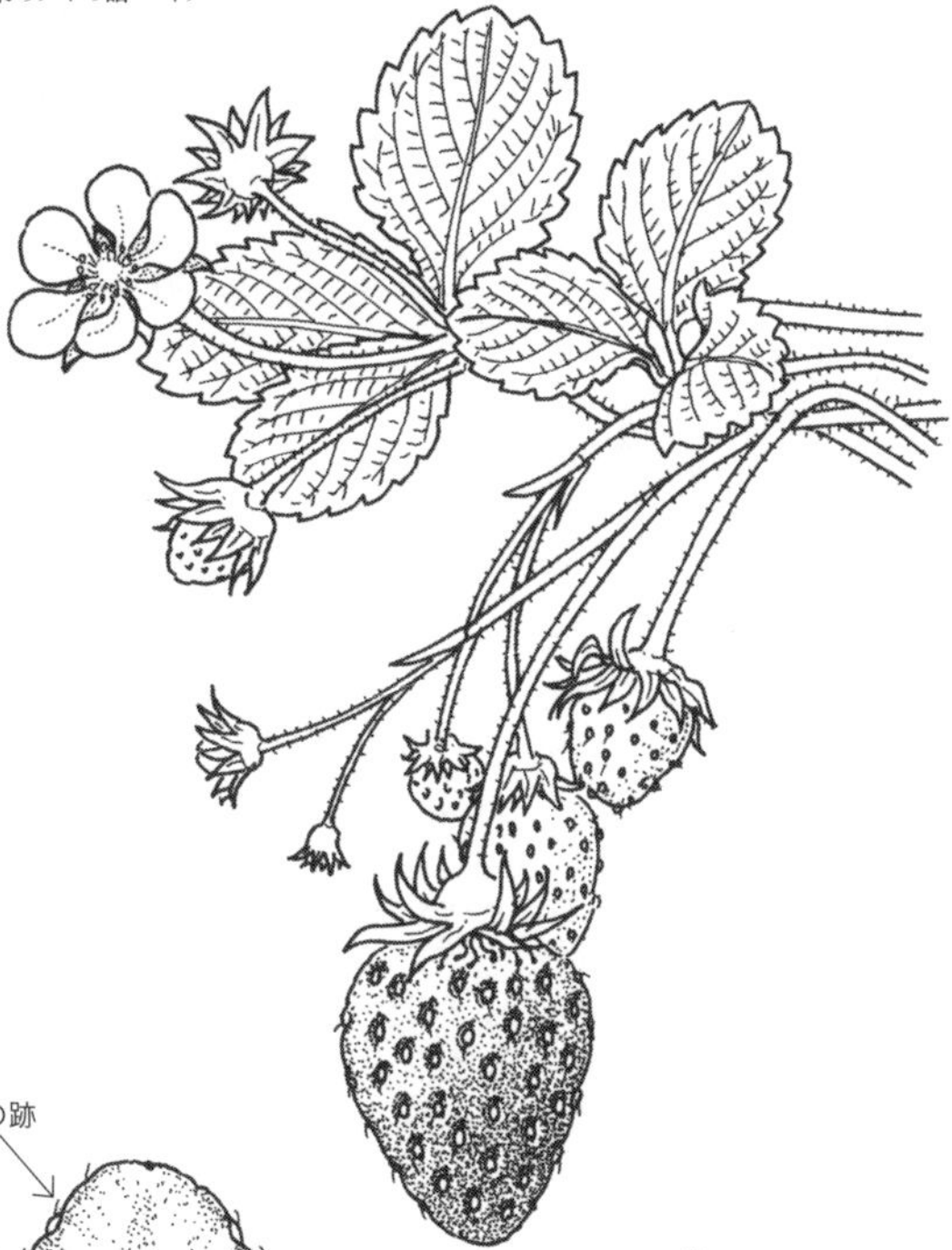

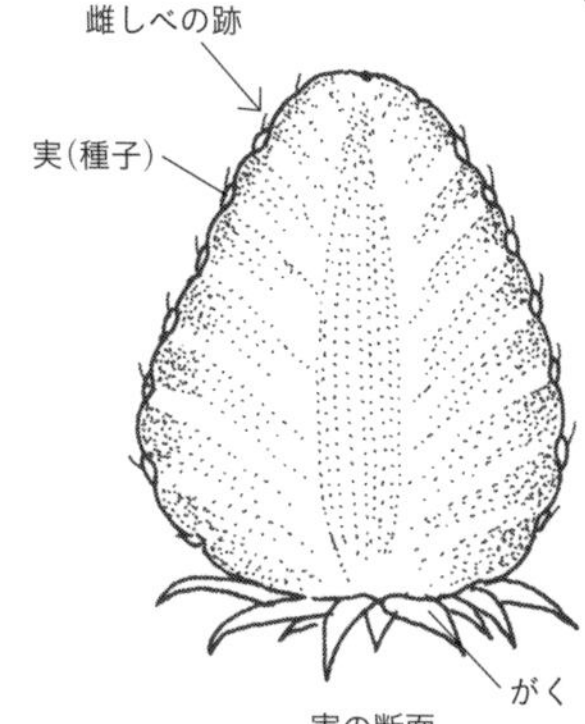
雌しべの跡
実(種子)
がく
実の断面

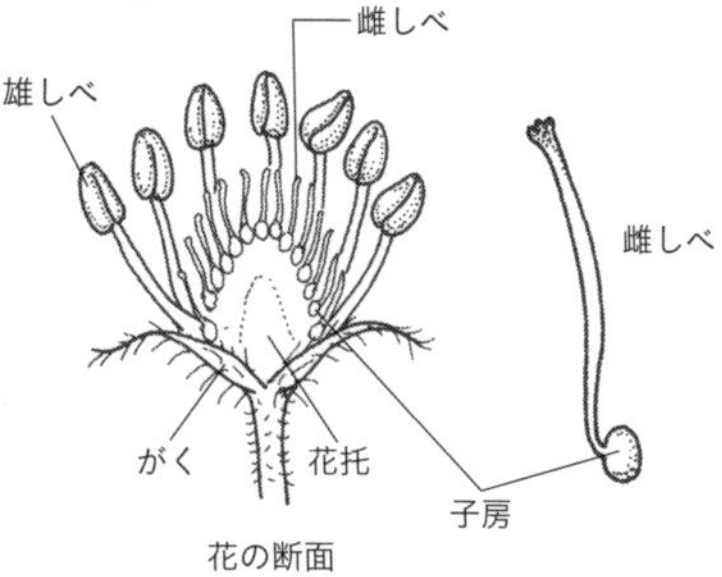
雌しべ
雄しべ
雌しべ
がく
花托
子房
花の断面

た芯の部分が残る。これが花托である。イチゴはこの部分が太って実になったのである。本当の実ではないので、イチゴの赤い実は「偽果《ぎか》」といわれている。

理科の教科書では、雌しべが子房《しぼう》につながっていて、その子房が太って実になると習った。イチゴのつぶつぶをよく見てみると、棒状のものが見える。じつは、これが実についていた雌しべの痕跡《こんせき》なのである。

イチゴを縦に切ってみると、白い筋が見える。この筋をよく観察してみると、白い筋の一本一本が、一つ一つの粒につながっていることに気がつくだろう。この白い筋こそが、イチゴの本当の実に水分や栄養分を送るためのものなのである。

イチゴの小さなつぶつぶは、ほとんど種子なので、このつぶつぶをまけば、芽を出させることができる。そして、できた苗を育てれば、イチゴを実らせることもできるのである。

ただし、種子から育ったイチゴは、親子の関係にある。親と子とは似ていてもまったく同じ形質ではないので、種から苗を育てると元の品種とは違った性質のイチゴになってしまう。一般の栽培ではそれでは困るので、種子ではなく、株で増やしてイチゴを栽培している。一方、種子から育てたイチゴは、元の品種とは違うのだから、まったく新しいオリジナルのイチゴということになる。種子から育てた新しいイチゴにお気に入りの名前をつけて、大切に育ててみても、面白いかもしれない。

・スイカ　西瓜……ウリ科

なぜ種が実の中に散らばっているのか

「スイカの種を食べてしまうと盲腸に引っかかって虫垂炎《ちゅうすいえん》になる」といううわさがある。もちろん、迷信である。

植物の果実は、食べられることによって、哺乳《ほにゅう》動物や鳥のお腹を通った種子が遠くにばらまかれる。そのため、盲腸で引っかかるようでは困るのだ。

スイカの種子は、胃や腸でも消化されないように、硬いガラス質で覆《おお》われている。もちろん、複雑に入り組んだ腸も難なくすり抜けるような形になっているのだ。間違ってスイカの種子を食べてしまっても、スイカは胃腸を通り抜け、無事に脱出してくる。それだけではない。スイカの種子はゆっくり時間をかけて胃腸を通り、できるだけ排出されないようにしているという。そうすることで、少しでも遠くまで運ばれようとしているのである。

スイカは、もともと砂漠地帯の植物である。英語でウォーターメロンというように、スイカは水分を豊富に含んでいる。その九〇パーセントは水分からできているほどだ。そのため、原産地のアフリカでは貴重な水分の補給源として、水がめの代わりに利用されている。

キュウリやメロンなど同じウリ科の野菜は、丸く広い葉っぱだが、スイカの葉っぱは、複雑に切れ込んだ形をしている。葉が大きいと、そこから水分が蒸発して萎《しお》れてしまう。そこで、葉のすみずみまで水分を行きわたらせ、潤いを保つために、葉脈《ようみゃく》の部分だけ葉をつけているのである。また、スイカの実は、短期間で大きく育つが、これも雨が降る季節が短いことに対応している。こうしてスイカは、砂漠地帯に生きるための工夫を持っているのである。

そんなに厳しい乾燥条件で、スイカは水分たっぷりの甘い実をならせるのである。この苦労は相当のものだろう。スイカもまた他の果実と同じように、鳥に食べさせて種子を運ばせるために、砂漠の中で魅力的な実を実らせるのである。

スイカの独特の縞《しま》模様も、もともとは鳥に見つかりやすいように発達したと考えられている。

果実は、鮮やかに赤や黄色に色づいて、鳥を呼び寄せる。スイカも収穫を遅れて熟してくると黄色くなってくる。黄色と黒色の縞模様は工事現場や踏切と同じように、目立ちやすい色の組み合わせだ。また、スイカは中が赤い。実が割れれば、鳥たちにより目立ちやすくなることだろう。

それだけではない。

スイカと同じウリ科の植物には、カボチャやメロンがあるが、これらの実は、中心に種子がまとまっていて、食べるときには種子を取り除くことができる。ところが、スイカは実の中に種子が散らばっていて、実を食べるとどうしても種子も一緒に食べてしまう。

植物の果実は、外側の実を守る外果皮《がいかひ》と、種子を包む内果皮《ないかひ》があり、その間に中果《ちゅうか》皮《ひ》と呼ばれる部分がある。カボチャやメロンは、種子のまわりにある中果皮を果肉として発達させた。ところが、それでは中果皮だけを食べられると種子を食べさせることができない。そこで、スイカは種子を包む内果皮を甘い果肉として発達させたのである。内果皮が発達した結果、種子が散らばっているのである。スイカの赤い果肉の外側には、白い部分があるが、これがスイカの中果皮である。

さらに、スイカの果実は中心に行けば行くほど甘くなっている。中心部が一番甘いのも残さずに食べてもらうための工夫なのである。

このように、本来スイカの種子は食べられたいと思っている。しかし、人間はそれを食べずに吐き出してしまう。縁側の下で、吐き出されたスイカの種がときどき芽を出しているのが、せめてもの抵抗ということなのだろう。

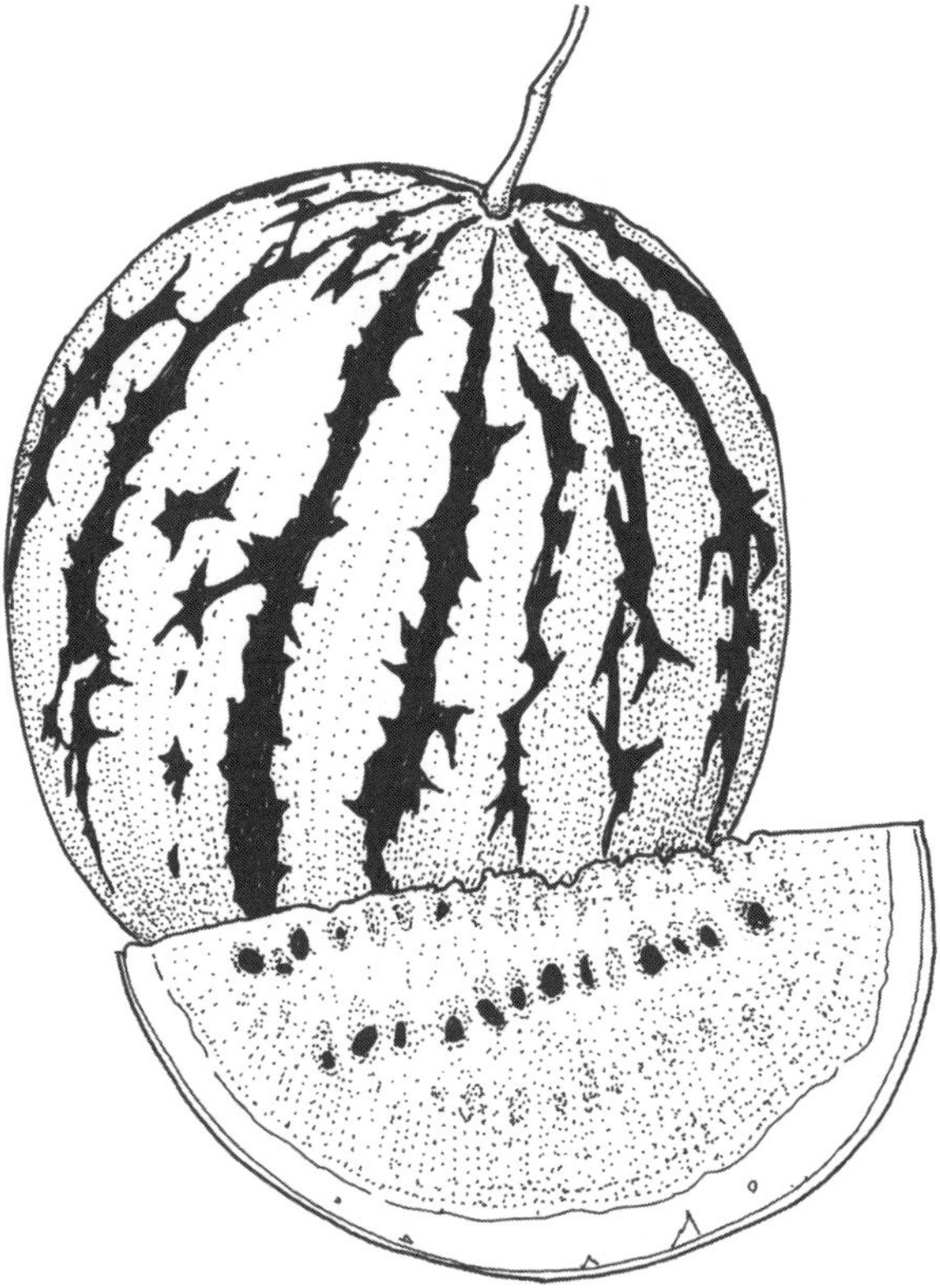

スイカは種子を含む内果皮を発達させ、
種子を確実に食べさせようとしている

スイカを食べる人間にとってみれば、種子は邪魔な存在である。そこでスイカには迷惑な話だが、スイカの種子をなくす技術が開発された。それが、種なしスイカである。

スイカは染色体のまとまりが二つ一組で存在する二倍体である。このスイカをコルヒチンという薬品で処理すると倍の四倍体になる。この四倍体のスイカと二倍体のスイカを交配すると三倍体のスイカができるのである。種子を作るためには染色体を二分する必要があるのだが、三倍体のスイカは奇数なので正常に二つに分かれない。そのため種なしスイカとなるのである。

しかし、スイカが大きな実をつけるのは種子のためだった。種子を奪われた種なしスイカは、実がなるのが遅くなったり、実がスカスカになったりして、どうしても味が落ちてしまう。そのため、せっかく開発された種なしスイカも、今ではあまり栽培されていない。

やはり、口いっぱいにほおばったスイカの種を吐き出すことこそが、夏の醍醐味《だいごみ》なのだ。

植物にとって種子とは何か?

●種子という移動カプセル●

植物は動くことができない。

しかし、そんな植物にとって移動できるチャンスが二回だけある。

一つ目のチャンスは花粉である。植物は風に乗せたり、昆虫の体にくっつけたりして、花粉を遠くへ運ぶ。こうして遠くへ移動するのである。

そして、二回目のチャンスが種子である。

種子は動けない植物が遠くへ移動するための、移動カプセルのような存在なのである。

また、種子は時間を旅することもできる。

種子は、土の中で何年も過ごすことができる。つまり、種子は時間を超えるタイムカプセルでもあるのである。

植物にとって、種子とは画期的な存在である。この種子はどのようにして作られたのだろうか。

種子を作る植物は、種子植物と呼ばれる。ここでは、どのようにして植物が「種子」というアイテムを手にしたのか、植物の進化を見てみることにしよう。

●植物の進化の歴史

約四〇億年前に地球の海の中に生命が生まれた。

やがて、マントル対流によって巨大な大陸が現れ始めた。そして、海で暮らしていた生命は、この広大な陸地への上陸を試みるのである。

生物の進化を見ると、足の生えた魚類が上陸してくる印象的なイラストが描かれている。ただし、そのときには、すでに地上には植物が生えている。植物の方がずっと早く、陸地への進出を果たしていたのだ。

植物の上陸は、およそ五億年前のことであるとされている。魚類が上陸するのがデボン紀の三億六〇〇〇万年前だから、植物の方が一億年以上も早いのだ。

最初に上陸をした植物はコケに似た植物であったと考えられている。

コケは体の表面から水分や養分を吸収する。これは水の中にある植物と同じである。そのため、コケは体のまわりが乾かないような水辺でしか暮らすことができない。

そこで、陸上生物に適したように進化をしたのがシダ植物である。

まずシダ植物は茎を発達させた。水の中では、体を支えるための仕組みは必要ないが、地上では体を支えるための頑丈な茎が必要となる。さらにシダ植物は、乾燥に耐えるために、体内の水分を守るための硬い表皮を発達させた。ただし、表皮を発達させると、水分が体外に出ていくことを防ぐことができる代わりに、外から水分が入ってこない。そこで水分を吸収するための根を発達させ、吸収した水分を体中に行きわたらせるための維管束《いかんそく》を発達させたのである。

維管束を発達させて効率よく体中に水を運ぶことによって、シダ植物は枝を茂らせることができるようになった。枝を増やせば、たくさんの葉をつけて光合成ができる。こうしてシダ植物は巨大で、そして複雑な体を持つことができるようになったのである。

● シダ植物の進化 ●

シダ植物が陸上への進出を果たしたとはいっても、まだまだ水際《みずぎわ》から遠くへと離れることはできなかった。

やがて古生代《こせいだい》後期になって登場したのが裸子《らし》植物（子房《しぼう》がなく、種子になる胚珠《はいしゅ》が裸《ら》出《しゅつ》している植物群）である。そして、シダ植物から進化を遂げた裸子植物が発達させた画期的なシステムが、「種子」である。

どうして種子が画期的なのだろう。

少し話はややこしいが、植物の生活史は胞子体《ほうしたい》と配偶体《はいぐうたい》という二つの世代からなる。シダ植物は、この胞子体と配偶体が明確に分かれている。

私たちがよく目にするシダ植物の植物体は、胞子を作ることから「胞子体」と呼ばれている。そして、この胞子が発芽してできるのが、理科の教科書でおなじみの前葉《ぜんよう》体《たい》である。前葉体は「配偶体」という世代になる。胞子を作るシダの胞子体には、雌《し》雄《ゆう》の区別はない。そのため、胞子体は無性《むせい》世代と呼ばれている。一方、配偶体である前葉体は、精子を作る造精器と卵を作る造卵器とがある。そのため、配偶体は有性《ゆうせい》世代とも呼ばれている。

シダ植物は、こうして胞子体と配偶体という二つの世代を生きているのだ。

それでは、種子植物はどうなのだろうか。

種子植物も、私たちがよく目にする植物体の姿が、胞子体である。そして、植物から作られる花粉や植物の芽生えの元となる部分が、配偶体である。つまり、種子植物の場合は、配偶体はほとんど目立たない存在なのである。そして花粉と胚のうが受精して、種子を作る。この種子が胞子体となるのである。こうして種子植物は、ほとんどを胞子体として暮らしているのだ。

種子の登場

シダ植物は、胞子体の植物体が作り出した胞子で遠くへ移動する。そして、シダの胞子は発芽すると、配偶体である前葉体という小さな植物体を形成するのだ。この胞子は遠くへ移動することはできないし、遠くの個体と出会って交雑することもない。

一方、種子植物は、胞子を進化させて花粉を作り出した。シダの胞子には雌雄の区別はないが、花粉は雄の配偶体である。そして、花粉が遠くへ移動することによって、よりさまざまな個体と交配をすることができるようになったのである。また、さまざまな個体と交配することで、多様な子孫を残し、進化のスピードを速めることができるようになったのだ。

それだけではない。シダ植物は胞子では移動することができるが、配偶体である前葉体の上に形成された胞子体は移動することができない。

ところが、種子植物は違う。胞子が進化した花粉だけでなく、さらに受精卵を移動することにも成功した。それが種子である。

種子の利点は、移動するチャンスが増えただけではない。

シダ植物は胞子で移動することができる。しかし、前葉体での受精には水を必要とするため、湿った場所から離れることができない。

しかし、種子は硬い皮で守られていて、乾燥に強い。こうして種子を作る植物は、乾燥した内陸部分に分布を広げることができるようになった。

しかも、胞子は水がないと死んでしまうが、種子は水がなくても、水が得られるようになるまで、長い時間待ち続けることができる。こうして、種子は時間を超え、空間を移動することができるようになったのである。

・種子が移動する理由・

種子は、さまざまな工夫で移動をする。その理由の一つは分布を広げるためである。しかし、種子が運ばれていった先が、生育に適した場所とは限らない。それでも、種子は移動しようとする。じつは種子が旅立つのには、大切な理由がある。それは、親植物からできるだけ離れるためなのである。

親植物の近くに種子が落ちた場合、もっとも脅威となる存在は親植物である。親植物が葉を繁らせれば、そこは日陰になり、やっと芽生えた種子は十分に育つことはできない。また、水や養分も親植物に奪われてしまう。あるいは、親植物から分泌《ぶんぴつ》される化学物質が、小さな芽生えの生育を抑えてしまうこともあるだろう。

残念ながら、親植物と子どもの種子とが必要以上に一緒にいることは、弊害の方が大きいのだ。そこで植物は、大切な子どもたちを親植物から離れた見知らぬ土地へ旅立たせるのである。まさに「かわいい子には旅をさせよ」、植物にとっても大切なのは親離れ、子離れなのである。

番外編 すごい種子

ライオンゴロシ……百獣の王にくっつき、種子を散布

ライオンは百獣の王と呼ばれている。このライオンより強い生物はいるのだろうか。

じつは、「ライオンゴロシ」という恐ろしい名前を持つ生物がいる。といっても、ライオンゴロシは植物の名前である。植物でありながら、猛獣のライオンを殺してしまうことから、そう名づけられているのだ。果たして、どのようにしてライオンを殺すのだろうか。

ライオンゴロシは、南アフリカのカラハリ砂漠などに分布するゴマ科の植物である。この植物は、鋭いかぎづめのついた実をつける。恐ろしい実の形から、ライオンゴロシは英語では、「デビルズクロー（悪魔のかぎづめ）」と呼ばれているのだ。かぎづめで、動物にくっつき、分布を広げていくのである。

しかし、その実は鋭くて、踏んでしまった動物は大変である。それは、百獣の王であっても同じである。ライオンが、うっかりこの実を踏んでしまうと、鋭いトゲが足に刺さってしまう。もし、トゲを抜こうと口で引っ張ると、今度は、口に刺さってしまう。そして、ライオンはトゲを抜くことができずに、口が化膿《かのう》していってしまう

のである。そして、ライオンは餌《えさ》を食べることができずに、ついには餓死《がし》してしまう。こうして、ライオンによって運ばれたライオンゴロシは、分布を広げて芽を出すのである。

ライオンゴロシは、動物にくっついて種子を運ぶ。そう言ってしまえば、たったそれだけのことだが、種子が運ばれるまでの間には、これだけの壮絶なドラマがあるのである。

ライオンゴロシの実のトゲは鋭く、さわるととても痛い

アルソミトラ……翼のある数百枚もの種子が実から飛び立つ

二十世紀初め、ライト兄弟は世界初の有人動力飛行に成功した。ライト兄弟は、鳥のように羽ばたく翼をやめ、操縦性のある複葉機《ふくようき》を開発した。

しかし、同じ時期に、エトリッヒ父子は、生物の飛行をモデルにした飛行機の開発に取り組んでいた。このとき、ヒントになったのが、アルソミトラの種子である。

アルソミトラは、インドネシアの熱帯雨林に生えるウリ科の植物である。つるで高《こう》木《ぼく》にからまりながら成長し、二〇〜三〇センチほどの大きさの実をつける。実の中には、数百枚もの薄い膜のような翼を持った種子があり、やがて、その実から、翼を持った種子が順番に滑空《かっくう》するのである。

エトリッヒ父子は、この種子をモデルとして、アルソミトラ型飛行機を作成した。そして、この飛行機に尾翼《びよく》をつけたものが、後の飛行機の基礎となっていったのである。

パラシュートのように風に乗るタンポポの綿毛や、ヘリコプターのようにくるくると旋回《せんかい》するカエデの種子など、空を飛んで移動する種子は多い。しかし、これらの種子は、風が吹いてくれることを前提にしている。一方、木々が生い茂る熱帯雨林の中では、強い風が種子を運んでくれることは、あまり期待できない。そこでアルソミトラは、自分の羽で滑空しようとしているのである。

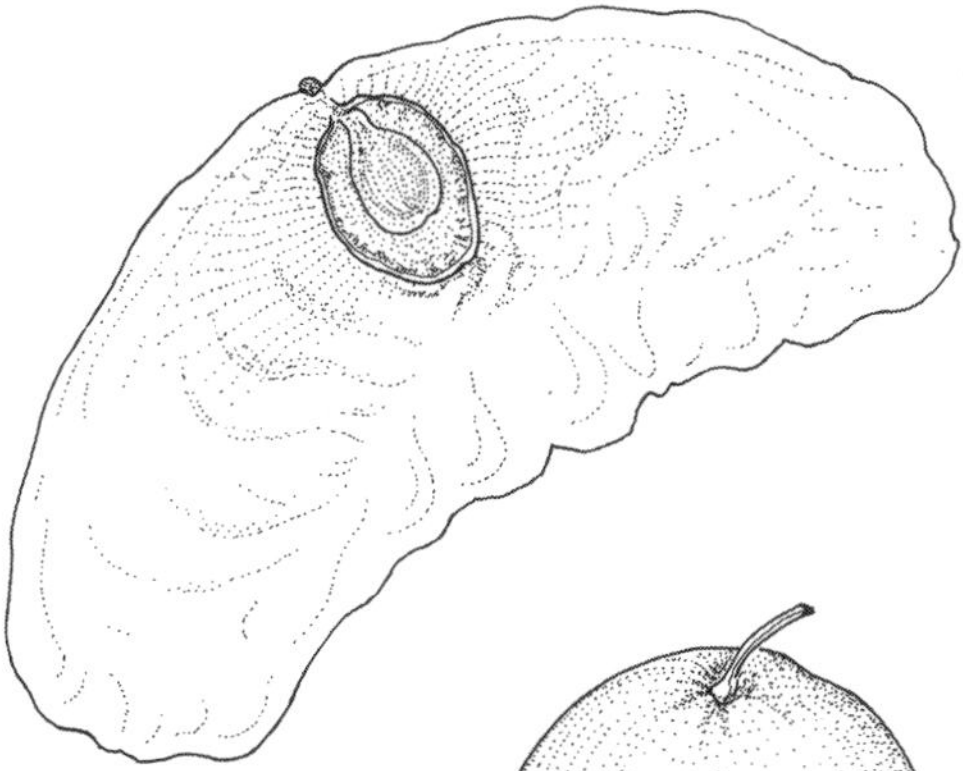

薄い膜のような翼を持つ
アルソミトラの種子

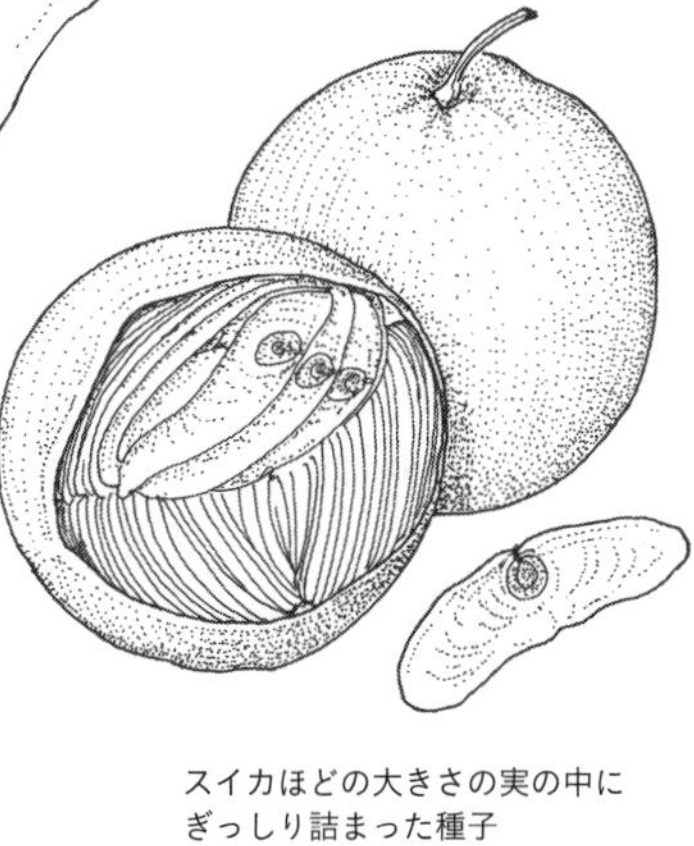

スイカほどの大きさの実の中に
ぎっしり詰まった種子

テッポウウリ……時速二〇〇キロ超で種子を発射！

プロのテニスプレイヤーのサーブは時速二〇〇キロを超えるという。この高速サーブと同じくらいの速さで、種子を飛ばす植物がある。テッポウウリである。

テッポウウリは、その名のとおり鉄砲の弾のように、種子を噴出する。

植物の中には、種子を弾き飛ばすものが少なくない。たとえば、実が乾燥することで種子を挟み込んで弾き飛ばしたり、ポップコーンが弾けるように内側の細胞がひっくり返って弾き飛ばすものもある。

それでは、テッポウウリは、どのようにして二〇〇キロ以上もの速さで種子を飛ばすのだろうか。テッポウウリは、ウリ科の植物である。キュウリやスイカがそうであるように、ウリ科の植物は実の中に、豊富な水分を含む。テッポウウリも、水分を実の中に貯め込んでいく。ただし、テッポウウリは単に貯めるだけでなく、圧力をかけて水を押し込んでいくのだ。そして、それが限界に達したときに、ついに、その圧力で爆発するように種子を弾き飛ばすのである。

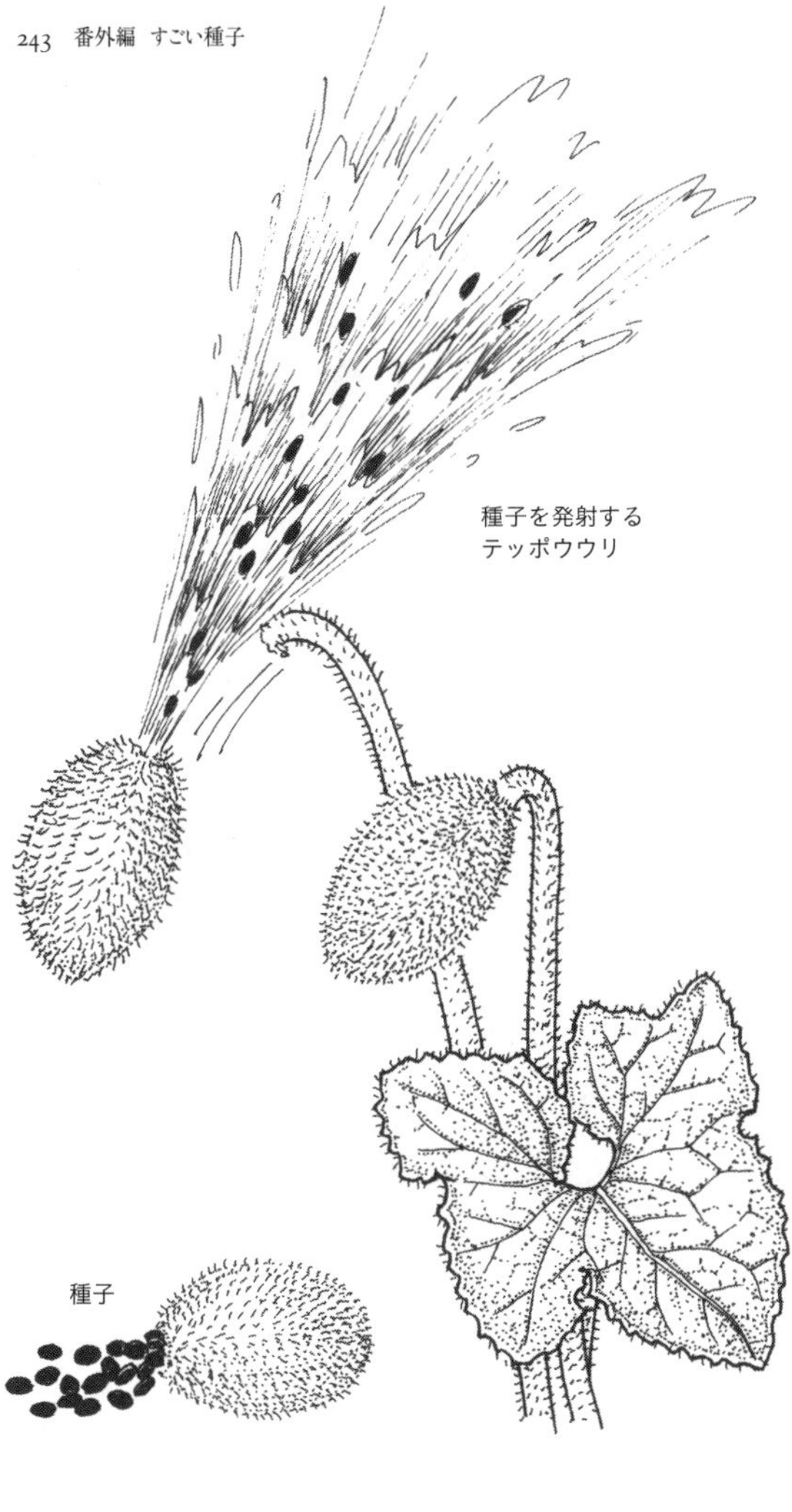
種子を発射する
テッポウウリ
種子

雑草……何度草むしりしても〝種子集団〟にはかなわない

古くは、雑草は腐った土から自然発生すると考えられていた。

雑草は誰も種をまかないのに、次々に芽が出てくることから、そう思われたのである。

植物の発芽に必要な条件は、「水分」「温度」「空気」だが、雑草のように野生の植物の種子は、この三つの条件がそろっても芽を出さない。人間が種をまく栽培植物と違って、野生の植物は、自分で芽を出すタイミングを決めなければならない。春のような小春日和《こはるびより》に、間違えて芽を出してしまうと、やがて来る冬の寒さで枯れてしまうのである。

特に雑草は、芽を出す時期がバラバラである。早く芽を出す種子もあれば、なかなか芽を出さないのんびりした種子もある。もし、一斉に芽を出すと、草取りをされれば全滅してしまう。そのため、芽を出す時期をずらして、ダラダラと芽を出すのである。土の中には、芽を出さずに眠っている種子がたくさんある。このような土の中の種子の集団は「シードバンク」と呼ばれている。つまり「種子の銀行」である。

こうして、土の中にある膨大《ぼうだい》な種子が、順番に芽を出してくる。だから、どんなに草取りをしても雑草はなくなることがないのである。

それにしても、草取りをすると、すぐに雑草が一斉に生えてくる。雑草は光が当たると芽を出すものが多い。光が当たるということは、まわりにライバルとなる植物がないことを意味している。そのため、草取りをして土の中に光が差し込むと、雑草の種子は、ここがチャンスとばかりに芽を出してくるのである。

ヤシ……種子は世界最大サイズで、まるでサルの顔

「名も知らぬ遠き島より 流れ寄る椰子《やし》の実一つ」

唱歌「椰子の実」（作詞：島崎藤村《しまざきとうそん》、作曲：大中寅二《おおなかとらじ》）で歌われる椰子の実は、ヤシの種子である。ヤシの実は水に浮かびやすくなっていて、海流に乗って漂《ただよ》いながら、砂浜に打ち上げられて種子を散布する仕組みになっている。よく遭難者が漂着した無人島のイラストにヤシの木が描かれているが、ヤシの実は鳥も行かないような無人島にもたどりついて、生えることができるのである。

民俗学者の柳田國男《やなぎたくにお》は愛知県の渥美《あつみ》半島の浜辺に漂着したヤシの実を見て、南の島から文化が日本にたどりついた「海上の道」を論じた。そして、その話を聞いた島崎藤村は「椰子の実」を作詞するのである。

ヤシは、ヤシ科植物の総称だが、一般には、ココヤシを指すことが多い。そして、ヤシの実はココナッツと呼ばれる。

ココというのは、ポルトガル語でサルという意味である。ヤシの実の中には、硬い殻を持ったヤシの種が入っている。この種がサルの顔に似ていることから、ココと名

づけられたのだ。

確かにヤシの種には、三つのくぼみがあって、顔のように見える。このくぼみは、ヤシの種が芽を伸ばしてくる場所である。よくココナッツにストローを差し込んで、中身をジュースとして飲むが、それはこのくぼみのところに穴を空けている。液状の栄養分はココナッツジュースとして飲まれるが、周縁部には固形の部分があり、ココナッツミルクとして利用される。

ヤシの種子は、植物の種子としてはとても大きい。世界で、もっとも大きな種子としてギネスに認定されているのは、オオミヤシというヤシの仲間の種子で、重さは二〇〜三〇キログラムにもなるという。そして、ヤシの木は巨大な種子から、巨大な木となるためにエネルギー量の大きい脂肪分を栄養分として蓄えているのである。

チアシード……オメガ3脂肪酸が多くダイエットに効果的

最近、チアシードが人気である。

チアシードは、チアの種子である。チアは、中南米に自生するシソ科の植物である。中米に栄えたアステカ文明では、トウモロコシと同様に重要な作物であったといわれている。

チアは現地の言葉で「油っぽい」という意味がある。チアの種子は、ダイエットに効果があるとされるオメガ3脂肪酸という油分を豊富に含んでいる。もっとも、オメガ3脂肪酸は、植物の種子が発芽の栄養分として利用しており、植物油の原料となるアブラナや、クルミ、エゴマなどにも多く含まれているものだ。

さらにチアシードは、小さな種子だが、水分を吸収すると一〇倍以上に膨《ふく》らんでゲル状になる。これが満腹感をもたらして、ダイエットに効果があるとされているのである。植物の種子は、水分を含んで蓄えることで、乾燥から身を守る性質を持つものがある。おそらくは、チアの種子も乾燥を防ぐために、水分を含んで身を守っているのである。

—あとがき—

私の研究室がある大学の農場は、東京ドーム四個分にもなる田んぼや畑があり、さまざまな作物を栽培している。

最近では田植えの体験イベントなどが行われるが、田植え体験では、すでに田んぼにイネの苗が用意されていることが多い。しかし、私の農場ではイネも種まきから始まる。ときどき、「イネにもタネがあるんですか～?」などと聞いてくる学生もいるが、私たちが毎日食べているお米こそが、イネの種である。「一粒万倍《いちりゅうまんばい》」という言葉があるとおり、一粒の種子が大きな実りをもたらす。そして、その種子を食べて人間が生きていると考えると不思議だ。

野菜も、家庭菜園などでは苗を買ってくることも少なくないかもしれない。しかし、ほとんどの野菜にも種がある。トウモロコシの種まきをすると「トウモロコシは、何年で実がなるんですか～?」と聞いてくる学生もいるが、何年もかかるようなことはない。スイートコーンなら、種をまいてからわずか三、四か月もすれば収穫時期だ。トウモロコシは、成長が速く、あっという間に大きくなる。当たり前のように思っていても、小さな種子の中に、それだけの成長の秘密があると思うと不思議だ。イネも、トウモロコシも、ムギも豆類も、すべて植物の種子である。私たちはそんな植物の種子のエネルギーをいただいているのである。

桃栗三年、柿八年という言葉がある。モモやクリは種子をまいてから実がなるまでに三年、カキは八年かかるということである。トウモロコシに比べれば成長は遅いかもしれないが、小さな種子が大きな木になるというのも、なんだか不思議だ。

私の大学の農場では創設時からの古木が、長い歴史を見守り続けている。考えてみれば、見上げるような大木も、元をたどれば、一粒の種子だったはずである。一〇〇〇年生きるご神木《しんぼく》も、一〇〇〇年前には小さな種子だったのである。

すべての物語は、一粒の種子から始まるのである。

種子をまいてみては、どうだろう。

種をまくという作業は、極めて単純な行為だ。しかし、種をまくと、芽が出るかどうかドキドキしてしまう。待ち遠しかった芽が出てくると、なんだかとてもうれしい。種をまくというのは単純な作業だが、私たちは種をまく以上のことはできない。種をまいて、水をやれば、後は植物の力を信じ、自然に任せるしかないのだ。そういえば、昔の人たちは種をまけば、無事に芽が出てくることを神に祈り、無事に芽が出てくれば神に感謝をした。古臭いようにも思えるが、いざ自分で種をまいてみると、昔の人たちの「祈り」や「感謝」が自然と感じられるような気がする。そして、どんなに技術が進んでも、人間ができることは自然の力に寄り添うことだけなのだと教えられる。種まきというのは、素朴で、そして深い作業なのである。

さあ、種をまいてみよう。

すべての物語は一粒の種子から始まるのだから。

最後に、本書を執筆するに当たり、お世話になった草思社の貞島一秀さん、イラストを描いていただいた西本眞理子さんに感謝します。

稲垣栄洋

―文庫版あとがき―

日曜日、家の敷地に生えていた木を切った。

十数年の昔のことである。幼かった娘が、何気なく植木鉢にまいたドングリの種が芽を出し、鉢からはみだして根を伸ばし、屋根の高さを超えるまでに成長したのだ。切るには忍びない気持ちもしたが、邪魔になってきたので、のこぎりを買ってきて、木を切り倒すことにしたのだ。

切り株の年輪を数えてみると、十数本の年輪が刻まれていた。割れた植木鉢のまわりには、たくさんのドングリが落ちていた。

ドングリは、植物のタネである。

タネから芽を出した小さな芽生えは、一年一年大きくなる。そして、またたくさんの種子を残すのだ。命はこうしてつながってきた。

およそ四億年も昔のことである。デボン紀後期、アンモナイトのいた時代である。植物の世界に、あるイノベーションが起こった。

それが、「タネ」の誕生である。「タネ」を作る新しいタイプの植物が出現したのだ。

それから、四億年。

植物はタネを作り続けてきた。そして、ゆっくりと進化を遂げてきたのだ。娘のまいたドングリも、鉢のまわりに落ちていたドングリも、そうやって命をつないできた植物の末裔である。

単行本が出版されて三年。

わずか三年の間に、元号は替わって新しい時代が到来し、大きな災害や事件もあった。新しい商品が次々に発売された。新たなブームが次々に起こり、そして消えていった。本を出しても、すぐに内容が古くなってしまう。そんな時代である。

しかし、三年前に書いたこの本の内容は、何一つ変わっていない。当たり前と言えば当たり前だが、植物の営みは、何一つ変わっていないのだ。

植物はタネから芽を出し、新たなタネを作り続ける。今までもずっとそうだったし、これからも、ずっとそうなのだ。

植物のタネというものは、本当に不思議である。そして、本当にすごい存在である。

本書の文庫化にあたりご尽力いただいた貞島一秀さんにお礼申し上げます。

—参考文献—

中西弘樹　一九九四　種子《たね》はひろがる—種子散布の生態学　平凡社
多田多恵子　二〇〇八　身近な植物に発見！　種子《タネ》たちの知恵　NHK出版
田中修　二〇一二　タネのふしぎ　SBクリエイティブ

本書は、二〇一七年に当社より刊行した『スイカのタネはなぜ散らばっているのか　タネたちのすごい戦略』を文庫化したものです。

草思社文庫

スイカのタネはなぜ散らばっているのか

タネたちのすごい戦略

2020年6月8日　第1刷発行

著　者　稲垣栄洋

挿　画　西本眞理子

発行者　藤田　博

発行所　株式会社 草思社

〒160-0022　東京都新宿区新宿1-10-1

電話　03(4580)7680(編集)

03(4580)7676(営業)

http://www.soshisha.com/

本文組版　鈴木知哉

印刷所　中央精版印刷 株式会社

製本所　中央精版印刷 株式会社

本体表紙デザイン　間村俊一

ISBN978-4-7942-2454-5　Printed in Japan